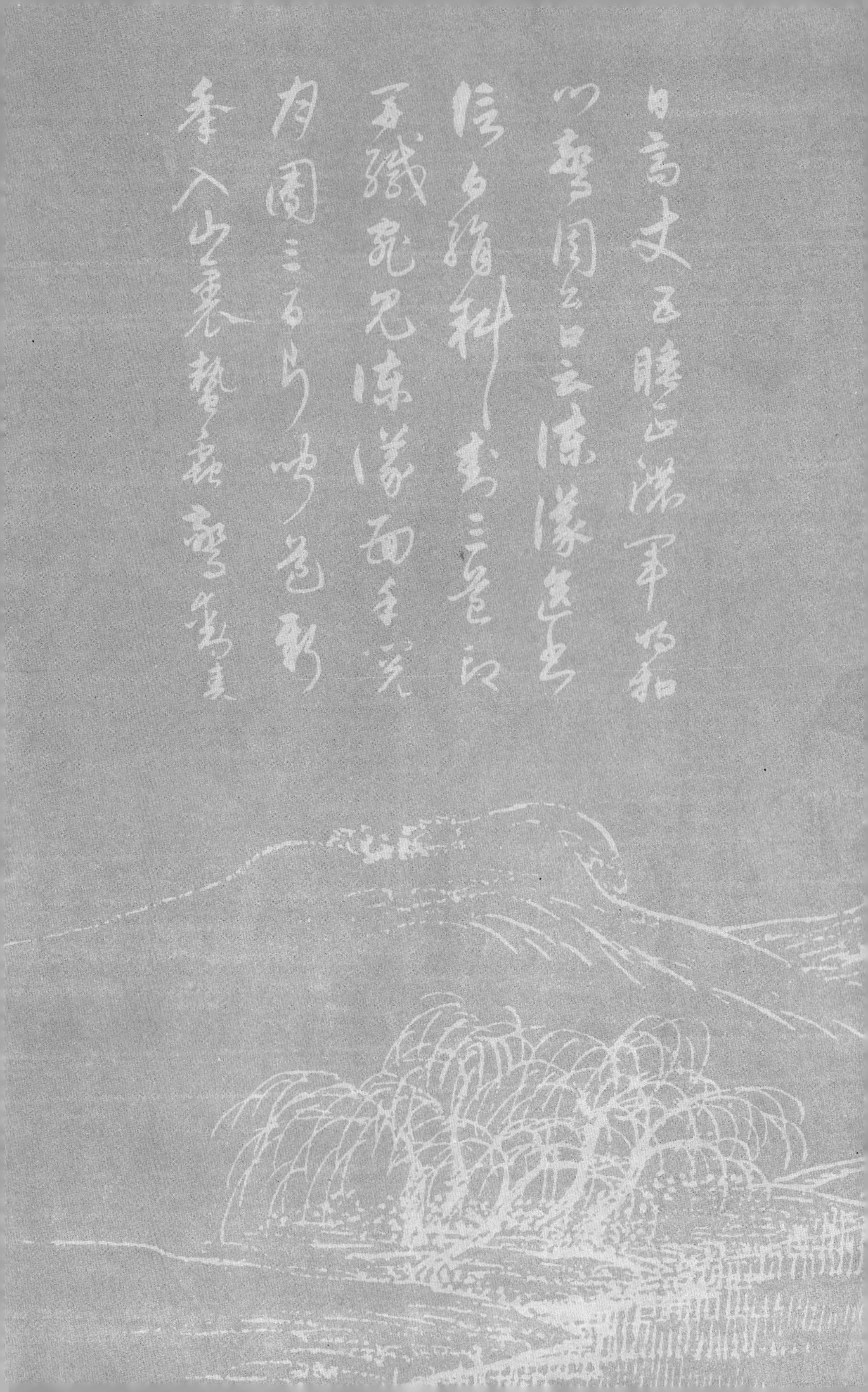
日高丈五睡正濃軍將打
門驚周公口云諫議送書
信白絹斜封三道印
開緘宛見諫議面手閱
月團三百片聞道新
年入山裏蟄蟲驚動

浙江大学出版社
ZHEJIANG UNIVERSITY PRESS

# 茶韵悠悠

李烈初 著

# 自序

北京学者周继烈先生，联系浙江大学出版社李玲如女士，指导我出版了《书画收藏与鉴赏》等四本有关书画的书。周先生、李女士于我有知遇之恩，奈我年老体弱，深居简出，迄今未曾拜见。送稿，取书，都由我女儿联系。当我想出第五本书的时候，李女士对我女儿说："告诉你爸爸，中国文人的事，不止书画，其他还多。譬如茶文化，也可以写。"

我读过小学，读过中学，习惯于老师出题目，学生做作文。尽管离开学校已六十年了，还是一听到有题目就跃跃欲试。茶，我每天都喝，但对中国茶文化，从没系统地、认真地钻研过。我找了很多有关茶文化的书来看，谁知不看则已，一看正似汪洋大海，漫无边际。无论是帝王将相，贩夫走卒；无论是经、史、子、集，诗、词、歌、赋；无论是戏剧、唱本，琴、棋、书、画……莫不与茶文化有千丝万缕的联系。茶，已经渗透、融化到中国文化的每一角落、每一肌理，无法分解，无法剥离。

我列了个提纲，要写茶史、茶人、茶书、茶产、茶泉、茶疗、茶文、茶诗、茶字、茶画……开头，怕资料不够，后来又觉得资料太多了。太多，不得不精减。不是一条一条地减，而是一类类地砍。譬如"茶产"，是写名茶产地。但产地时有变迁，写不胜写，特别是现代名茶，什么"十大名茶"、"几大名茶"的，如何排列？当年××蜜橘"排不上名次"，华君武先生画了幅《××蜜橘哭了》的漫画。××地方的人不高兴了，选了顶尖蜜桔，送去给华先生品尝，定要华先生改画一幅漫画，为××蜜橘鸣冤平反。我胆子小，最怕吃官司，哪怕是"笔头官司"。不好写，干脆压缩为《名茶变迁》，列入"茶史"。又如"茶疗"，是写茶的健身、医疗功用。当年，有人抄了几个"草头方"，发表在报纸上。有久病未愈的人照方吃药，把毛病吃得越来越厉害，火起来，把报社告上法庭。我想，这一类也是不写为妙，干脆一刀砍掉。

砍了几类，留下茶史、茶人、茶书、茶文、茶诗、茶字、茶画……还有一大串。我想，能不能用一个字把它全部概括起来呢？想来想去，终于给我想到一个"韵"字。"韵"，含有风雅、美好、神采、情趣、和谐、动听等各种意义。"茶韵"，真能概括茶文化的一切内涵了。回过头来，我以"韵"为尺子，去丈量众多资料，大可决定取舍。譬如说，我搜集和茶相关的图画太多了，不得不舍去几幅。明朝唐伯虎的名气很大，但他的《事茗图卷》，起首、结尾的岩石黑咕隆咚，诗也一般，字也不精，不能说是他的代表作。以"韵"一量，干脆割爱。又如清朝的金廷标，是乾隆皇帝心爱的宫廷画家。他的《品泉图》，尽管有乾隆题诗，但图中人物颇值得商榷。宋、元人画卢仝烹茶，都画"长须奴"和老而无齿的"赤脚婢"，但在明、清人画里，烹茶的都成了"小童"。金廷标笔底的两个小童，也太小了，该是幼儿园的娃娃。再说，既是"品泉"，不在山涧，却在溪边，未必会有好水。干脆，也从"茶画"抽出，转为"茶泉"插图。

同样，"茶字"、"茶文"，我也以"韵"为尺子，决定取舍。有些文章，写得很短，但很风雅，很有情趣。令人读一遍也是美的享受，坚决保留下来。还有些与茶有关而归不到各个类别里的资料，按例更应割舍；但却有可读性、趣味性，属于趣谈逸闻，我将它列于篇末。无以名之，名之为“茶谐”。

《茶韵》，作为书名，好像短了点。想来想去，加上两字，成为《茶韵悠悠》。悠悠者，时间久长也，空间广阔也，事物连绵不断也。杜甫诗句：“大哉乾坤内，吾道长悠悠。”陈子昂诗句：“念天地之悠悠，”温庭筠词句：“ 斜阳脉脉水悠悠。”中国有数千年茶文化，有二三千年古茶树，还不悠悠吗？不但中国人喝茶，许多外国人也喝茶，全世界有二十亿人喝茶，还不悠悠吗？茶文化源远流长，茶文化方兴未艾，只要有人类，就会有茶文化，还不悠悠吗？这真是古也悠悠，今也悠悠，来也悠悠，“茶韵”永远“悠悠”！

李玲如女士出题目，我做作文。遇到过不少艰难波折，终于写出来了，但不知李玲如女士能为之首肯否？

# 目录

## 自序

## 第一编 茶史



## 第二编 茶人



## 第三编 茶书



## 第四编 茶文



## 第五编 茶诗



## 第六编 茶字

## 第七编 茶联



## 第八编 茶画



## 第九编 茶具



## 第十编 茶肆



## 第十一编 茶泉



## 第十二编 茶谐

# 第一编

# 茶史

# 古人吃茶

地球上出现人类，至今约200万年。其中，有文化的，不到1万年；其余都是朦胧蛮荒时代。但地球上出现茶，至少已有3000万年。因为，中外科学家，已在长江中下游以南、云南东部等地的第三纪中新世地层中发现了茶的化石。

2001年，在浙江跨湖桥文化遗址发掘中，发现了一颗茶树种籽，是8000年以前的茶籽，黑褐色，椭圆形，略有炭化迹象。

我们现在看到的茶树，都是一丛丛的，像是灌木。其实这是人工栽培的结果；野生的茶树，自生自灭的茶树，竟是参天大树。在云南镇沅县九果乡千家寨，生长着一株野生古茶树，树龄已达2700余年，被人们誉为“世界茶王”(图1-1)。有的地方，野生茶树群落，多达数千亩。

[图1-1] 云南千家寨树龄2700余年的“世界茶王”

在人们知道茶的食用价值后，把茶树人工栽培起来，在云南景迈、芒景两县，有栽培的万亩古茶园，被人们称为“栽培型古茶树博物馆”。

唐朝陆羽，在《茶经》里记述他所见到的古茶树：“有两人合抱者，伐而掇之。”茶树干粗得两人合抱，需要把枝条砍下来，才能采摘茶叶。

先民吃茶，最早可能是口嚼生食，接下去可能是单一地煮着吃，也可能掺杂其他食物煮成羹汤吃。记载春秋时齐国贤相晏婴事迹的《晏子春秋》里说："婴相齐景公时，食脱粟之饭（糙米饭），炙三弋（鸟）五卵，茗菜而已。"

唐陆羽《茶经》不但提到晏婴，还提到晋朝时，南方有蜀妪做茶粥卖。"茶粥"也作"茗粥"，唐杨华《膳夫经手录》："茶，古不闻食之，近晋、宋（南北朝）以降，吴人采其叶煮，是为茗粥。"可见这种食法是从四川传到江、浙的。宋朝时，依旧流行。苏东坡《绝句》之二有句："偶与老僧煮茗粥，自携修绠（长绳）汲清泉。"

曾读清朝东阳人汤庆祖的《五岩诗稿》，有句："家有斗大园，鲑菜可廿七。""鲑菜"原指鱼类菜肴，可借作菜肴的总称。一个斗大的菜园，种出来的菜蔬，怎么叫"可廿七"？我查了很多书，最后在《佩文韵府》里查到有"二十七"条。原来，南北朝时齐庾杲之，清贫节俭，菜肴只有"韭菹（腌韭菜）、瀹韭（泡韭）、生韭"，因"韭"与"九"同音，戏称"三九二十七"。

吃韭如此，吃菜也如此。鲜菜、腌菜、干菜都吃。笔者读六年中学，就吃了六年干菜。可以想见，在先民以茶为菜的漫长岁月里，也一定吃过鲜茶叶、腌茶叶、干茶叶。古老的习俗，也往往会同熊猫、水杉等"活化石"一样，存留于某一地区。据王国安、要英《茶与中国文化》称："云南省基诺族至今还有吃'凉拌茶'的习惯，把采来的新鲜茶叶，揉碎放在碗里，加上少许大蒜、辣椒、盐等配料，再加上泉水拌匀，就成为美味可口的佳肴了。"又称，滇西德昂族人，往往吃盐腌茶。

古人吃茶，今人也有还在吃的。

# "茶"字的出现

上自王侯将相，下至贩夫走卒，都要口渴，都要喝茶。茶，作为饮料，究竟出现于何时？我想，这用不到去追究分界线，事实上也不可能有分界线。因为，在漫长的岁月里，先民对诸多无毒的、爽口的植物的浸出液、汤料，都会品尝过、试用过。

或许有一点可以明确，早在周朝时，茶还没有成为普遍的、高级的饮料。据《周礼·天官·膳夫》："膳夫掌王之食饮膳羞（馐），以养王及后、世子。凡王之馈食用六谷，膳用六牲，饮用六清，馐用百二十品，珍用八物，酱用百有二十瓮。""六清"即供王、后、世子用的六种饮料。据郑玄注，"六清"是："水、浆（米汁）、醴（甜酒）、醇（凉汤）、医（浊浆）、酏（薄粥）。"这就是说，当时国王的饮料里还没有茶。

有人说：《周礼》成书于汉代。还有，汉代许慎的《说文解字》里，还没有"茶"字。也有人说：没有"茶"字，但有"荼"字，"荼"就是茶。还有"槚""茗""荈"、"荈"，都是"茶"的意思。

浙江湖州，曾在一东汉晚期的墓葬中，出土了一件青瓷茶瓮（图1-2），高33.5厘米，最大腹径34.5厘米。瓮的肩部，刻有一个"茶"字

[图1-2] 东汉·青瓷茶瓮

[图1-3] 东汉·青瓷茶瓮上的"茶"字

（图1–3），因而判断是用以贮茶的。此瓮可能是最早刻有“茶”字的实物。

在古籍里，汉司马相如《凡将篇》，列举了许多药名，其中有“荈诧”，据说就是茶，因为他患“消渴症”（糖尿病），常要喝茶。汉王褒有篇《僮约》，是与奴婢订定应干事务的书面合约，内有句“烹茶尽具”，“武阳买茶”。“荼”即“茶”，虽只八个字，但可知道当时不但有茶，还有茶具，而且茶是要烹煮而后可饮。更为重要的是，汉时置武阳县，故城在今四川彭山县东。可见，汉时四川是出产茶叶较为有名的地方。宋人抄录的汉张揖《广雅》中有记载：“荆巴间采茶作饼，咸以米膏出之。若饮，先炙令色赤，捣末置瓷器中，以汤浇覆之，用葱姜芼之。其饮醒酒，令人不眠。”这条记载，也说茶产于四川一带，并说明汉时已有饼茶，历代也以饼茶为主，直到明初，才以散茶为主。饼茶饮用时，要先以火炙烤至微焦，捣研成粉末。饮用时将茶末放入瓷器内，冲以沸水，并用葱、姜芼之。“芼”是掺合的意思，古人饮茶，要放葱、姜和盐等调味品，更为适口。此文还提到了饮茶的功用，不仅解渴、可口，还能醒酒、耐夜。

[图1-4] 汉·滑石“茶陵”印

《广雅》称茶产荆、巴，即今湖南、四川。湖南有茶陵县，汉初即置，属长沙国，上个世纪，长沙曾出土一枚滑石印章，印文为阴文“茶陵”（图1–4），据说是刻于汉武帝时期。可见“茶陵”原作“荼陵”。

“茶”字究竟出现于何时，说法不一。较为保守的说法如《唐韵》：“荼字，自中唐始变作茶。”

# 散茶

历代以饼茶为主，明代开始以散茶为主。这只是以上层社会的习俗而言；至于民间，一直是饼茶、散茶并存。唐陆羽《茶经·茶之饮》即称："饮有觕（粗）茶、散茶、末茶、饼茶者。"据《宋史·食货志》，茶有腊茶、片茶、散茶之分。腊是早春的意思，又因腊茶之汁泛乳色，与溶腊相似，故称"腊茶"。宋沈括《梦溪笔谈·药议》："知腊茶之有滴乳、白乳之品，岂可各是一物？"片茶即饼茶，可见腊茶、片茶都是饼茶。故《宋史·食货志》又称："茶有二类：曰片茶，曰散茶。片茶蒸造实卷模中串之（饼茶圆而有孔，故可串之），唯建、剑则既蒸而研。编竹为格，置焙室中，最为精洁，他处不能造。有龙凤（图1-5）、名乳、白乳之类十二等，以充岁贡及邦国之用。""腊茶北苑为第一，其最佳者曰社前，次曰火前，又曰雨前，所以供玉食（皇帝饮用），备赐予。太平兴国（宋太宗年号，976—984）始置，大观（宋徽宗年号，1107—1110）以后制愈精，数愈多，胯式（饼模）屡变，而品不一。"

未经压制成片、团的茶即称"散茶"。《宋史·食货志》："散茶出淮南、归州、江南、荆湖，有龙溪、雨前、雨后之类十一等。江浙又有以上、中、下或第一至第五为号者。"贡品腊茶、片茶，成本极高，也无市场价格，至于一般腊茶、片茶、散茶的价格差别为："鬻腊茶斤自四十七钱至四百二十钱有十二等；片茶自十七钱至九百一十七钱有六十五等；散茶自十五钱至一百二十一钱有一百九十等。"由此可见，茶的好坏等级很多，价格高低差别很大。见于市场的每斤茶的价格自15个铜钱至917个铜钱不等。显然，官吏、富户饮用的是上等茶，一般百姓饮用的是下等茶。总的讲，散茶比片茶便宜，一般百姓饮用的，只能是便宜的散茶。

在制茶方法上，饼茶（片茶）用蒸青法，散茶用炒青法。蒸青工艺分有蒸、榨、研、过炭、烘干。即将新采茶叶先浸于水中，予以蒸热，冷水冲洗，然后榨去水份，置瓦盆中研细，再入模子中压成饼，烘干。炒青工艺是将新摘茶叶放在铁锅里炒制，炒去水分，成为干茶。蒸青和炒青，并无明确的时代分界线。早在唐朝刘禹锡的《西山兰若（僧寺）试茶歌》中即有句："自傍芳丛摘鹰嘴（茶名），斯须（片刻）炒成满室香。"显然是指炒青的制茶方法。早期散茶也有用蒸青工艺的，元王桢《农书》，仍记载以蒸青工艺制散茶。

明太祖朱元璋罢贡饼茶，上行下效，散茶成为主流，炒青方法也逐步完善。明许次纾《茶疏》云："茶初摘时，香气未透，必借火力以发其香。然茶性不耐劳，炒不宜久。多取入铛（铁锅），则手力不匀，久于铛中，过熟而香散矣。炒茶之铛，最忌新铁。须预取一铛以备炒，毋得别作他用。一说唯常煮饭者佳，既无铁腥，亦无脂腻。炒茶之薪，仅可树枝，勿用干叶。干则火力猛炽，叶则易焰、易灭。"

[图1-5] 北宋龙凤团茶模纹

# 名茶变迁

茶始兴于唐，从唐至今，所产名茶，因时而异。

唐时名茶为阳羡、顾渚、天柱、蒙顶。阳羡即江苏宜兴，唐时属常州。顾渚在浙江长兴，唐时属湖州。宜兴、长兴分属两省，但为邻县，多以山为界。有个"岕"字，意为两山之间，长兴地名有罗岕、丁孚岕等，均产茶叶，称"岕茶"，也名"岕片"、"岕荈"、"岕茗"。而紫笋茶，更为著名。朝廷列为贡品，成立贡茶院，专门负责制茶、进贡事务。贡茶院原设于义（宜）兴。据《唐义兴县重修茶舍记》："义兴贡茶非旧也，前此故御史大夫李栖筠实典是邦，山僧有献佳茗者，会客尝之。野人陆羽以为芳香甘辣，冠于他境，可荐于上。栖筠从之，始进万两，此其滥觞也。厥后因之，征献渐广，随为任土之贡。"后来宜兴的贡茶不能满足需要，又在长兴的顾渚山设立贡焙，以"刺史主之，观察使总之"。顾渚贡焙，岁造茶一万八千四百零八斤。刺史是一个州的最高长官，亲自负责贡茶，唐《国史补》："长兴贡，限清明日到京（长安），谓之急程茶。"湖州刺史裴充，即因贡茶制作不精而被罢官。著名诗人杜牧，曾任湖州刺史，有《题茶山》诗："山实东南秀，茶称瑞草魁。剖符虽俗吏，修贡亦仙才。……泉嫩黄金涌，芽香紫壁栽。拜章期沃日，轻骑疾奔雷。……"贡茶须于清明前十日出发，清明日供皇帝用新茶祭祀和宴请王公大臣。故湖州刺史李郢有诗句："十日王程路四千，到时须及清明前。"

造茶需水，长兴啄木岭有金沙泉，位湖州、常州交界处。平时无水，将造茶，两郡刺史会齐，祭拜泉水，水即流出，造茶毕，又无水。据《长兴县志》，贡茶时，需以五十六两重的银瓶，满灌金沙泉水，加封火漆印，与紫笋茶一并驰送京都，供皇上享用。

常州、湖州两郡刺史，每年春天要到山上督造贡茶，故于山上设"境会亭"，共同办事。完成任务后，举行宴会庆祝。白居易任苏州刺史时，坠马伤腰，未能应邀赴宴。但仍写有一诗《夜闻贾常州、崔湖州茶山境会，想羡欢宴，因寄此诗》：

遥闻境会茶山夜，珠翠歌钟俱绕身。
盘下中分两州界，灯前合作一家春。
青娥递舞应争妙，紫笋齐尝各斗新。
自叹花时北窗下，蒲黄酒对病眠人。

至宋朝，名茶主要产地已移至福建建安（今建瓯县境内）。共有官焙三十二座。专门制造御用茶的北苑官焙，有茶园四十六所，占地三十余里，规模很大。一般片茶，在蒸造后即入模压制成片，而贡茶多一道研茶的手续。据《画墁录》：“贞元（唐德宗年，785—805）中，常衮为建州刺史，始蒸焙而研之，谓之‘研膏茶’。”可见研膏之法，唐时已有。宋朝时，蒸而未研的茶，称为“草茶”。蔡襄任福建路转运使，在原有的龙凤团茶外，又添制更为精致的小龙团茶。后贾青为福建转运使，又制小团之精者为密云龙。

贡茶以进贡日期分为三等，“其最佳者曰社前，次曰火前，又曰雨前”。“社前”指采制于社日（阴历三月二十日春分前后）之前的茶叶；“火前”指采制于清明（阴历四月五日左右）前一二天寒食节之前的茶叶。寒食节是民间纪念春秋时晋国介之推的节日，介之推被火烧死，故于这一天禁止用火，只吃冷食。与清明只早一二天，故也称“明前”；“雨前”指采制于谷雨（阴历四月二十日左右）之前的茶叶。朝廷对贡茶的要求越来越高，数量越来越大。宋徽宗时，每年贡茶约四万七千余片。

宋朝时，除福建建安外，扬州、寿州、舒州、鄂州、广德军等地，也产名茶，也要进贡，但数量没有建安大。

明朝时，安徽松萝茶很出名。据《徽州志》：“茶产于松萝，而松萝茶乃绝少。其名则

[图1-6]　写有乾隆《三清茶》诗的茶壶、茶碗

有胜金、嫩桑、仙芝、来泉、先春、运合、华英之品，其不及号者为片茶八种。近岁茶名，细者有雀舌、莲心、金芽；次者为芽下白，为走林，为罗公；又其次者为开园，为软枝，为大方。制名号多端，皆松萝种也。”安徽宣城也产名茶，据《农政全书》：“宣城县有丫山，形似小方饼横铺，茗芽产其上。其山东为朝日所烛（照），号曰阳坡，其茶最胜。太守荐之，京洛人士题曰：‘丫山阳坡横文茶’，一名‘瑞草魁’。”浙江的日铸、龙井,江苏的虎丘、蜀冈，产茶也颇有名。

清顾铁卿《清嘉录》云：“洞庭（湖）东山碧螺峰石壁，产野茶数株。每岁土人持竹筐采归，以供日用。历数十年如是，未见其异也。”某年，“其叶较多，筐不胜贮，因置怀间。茶得热气，异香忽发，采茶者争呼：‘吓煞人香！’”“吓煞人”是当地土话，意为“十分”、“非常”，遂名此茶为“吓煞人香”。“自是以后，每值采茶，土人男女长幼，务必沐浴更衣，尽室而往，贮不用筐，悉置怀间。而土人朱正元，独精制法，出自其家（之茶），尤称妙品。康熙己卯（1699），车驾南巡，巡抚宋荦购此茶以进。（皇）上以其名不雅驯，（按产地）题之曰‘碧螺春’。”当时，定“碧螺春”为贡品，据说后来质量大不如前。据《康熙朝宫中奏摺档》，康熙时进贡的名茶有福建武夷山产“岩顶新芽”，江西产“林岕雨前芽茶”，云南产“普洱茶”、“女儿茶”，等等。又据《雍正朝宫中奏摺档》，雍正时进贡的名茶有“武夷莲心茶”、“岕茶”、“小种茶”、“郑宅茶”、“金兰茶”、“花香茶”、“六安茶”、“松萝茶”、“银针茶”等。又据《清高宗御制诗文全集》，得知乾隆时名茶有“三清茶”、“雨前龙井茶”、“顾渚茶”“武夷茶”、“郑宅茶”等。

“三清茶”属乾隆皇帝弘历自创。乾隆十一年（1746），他秋巡五台山回来，于定兴遇雪，在毡帐中以雪水烹茶，加入梅花、佛手、松实，自名“三清茶”，并命“两江陶工”作茶瓯，题御制诗，名“三清茶碗”。（图 1–6）

时过境迁，目前的名茶有所谓“十大名茶”：古湖龙井、铁观音、碧螺春、信阳毛尖、都匀毛尖、黄山毛峰、六安瓜片、祁门红茶、武夷岩茶、君山银尖。其他如蒙顶茶、普洱茶等名茶还很多。

# 茶税、茶法

唐陆羽《茶经》一出，推动全国人饮茶。唐德宗贞元九年（793），开始征纳茶税，凡产茶州县，都设官征税，值十税一，当年就得茶税钱四十万缗。钱一千文为一缗，相当银子一两，宋时称一贯。唐德宗后，茶税渐增。唐文宗时，特置榷茶使，管理征纳茶税事务。当时，全国每年收入的矿冶税，不过七万余缗；而产茶大县一年收入的茶税，就超过七万余缗。茶商经过的州县，官抽重税，或给茶商设立特别旅店，收住宿税，称为榻地税。甚至扣留舟车，勒索税款。全国税收最多的是盐，其次就是茶。

宋朝的茶税更重，宋仁宗嘉祐三年（1058），政府获茶利一百零六万四千二百余贯。宋朝还在江陵府、真州、海州、汉阳军、无为军、蕲州之蕲口设官方茶叶贸易机构，称“六榷务”，即茶叶专卖机构。产茶地区，每年向政府缴纳茶叶，计江南千二十七万余斤，两浙百二十万九千余斤，荆湖二百四十七万余斤，福建三十九万余斤。都运至六榷货务出卖。政府还订出刑法，保护茶叶专卖政策。如规定：“凡民茶匿不送官及私贩鬻者，没入之，计其直论罪。园户辄毁败茶树者，计所出茶论如法。”“主吏私以茶贸易及一贯五百者死。”“巡防卒私贩茶，依旧条加一等论。凡结徒持杖贩易私茶、遇官司擒捕抵拒者，皆死。”“太平兴国四年（979），诏鬻伪茶（假茶叶）一斤，杖一百；二十斤以上弃市（杀头）。”

西北地区的少数民族，多食牛羊肉，往往胸闷腹胀，而饮茶能消食解闷，所以在唐朝时，回纥贡马，以马易茶。宋朝时，“西人颇以善马至边交易，所嗜唯茶。自熙（熙宁）、丰（元丰）以来，旧博马皆以粗茶；乾道之末，始以细茶遗（供应）之。”

[图1-7] 福建茶税银锭

明代不仅加强了茶马交换政策，在甘肃、陕西设茶马司，专管其事，而且严格了“茶引”制。所谓“茶引”，宋、元即已有之，是茶商纳税后由政府发给的运销执照。上开运销数量及地点，准予按引上规定，从事贸易。每引茶百斤，纳税钱二百文。没有茶引而私自经销茶叶的，作私茶处理，要处以重刑。朝廷为此张贴布告，晓谕天

[图1-8] 明太祖朱元璋像

下，无论军民百姓，贩卖私茶，即予重罚，虽皇亲国戚，也不例外。由于贩卖私茶，获利甚厚，敢于以身试法者，仍不乏其人。洪武二十八年（1395），明太祖朱元璋（图1-8）的女婿、安庆公主的丈夫欧阳伦都尉，私购大批茶叶，分装于数十辆军车出境，被河乔头（兰州黄河乔头）巡检司告发。朱元璋当即决定将欧阳伦处以死刑。明李贽《读史汇》称："今观欧阳驸马所尚（娶）者，太后亲生公主也。一犯茶禁，即置极典（死刑），虽太后也不敢劝。"还有的书说：欧阳伦颇不法，数遣人贩茶出境以牟利，大吏不敢问。家奴周保，擅捶辱司吏，吏不堪，以闻于朝。帝大怒，赐伦死，周保等皆坐诛。关于欧阳伦的死，有的书说是"逼令自杀"，有的书说是朴杀（乱棍打死），但都逃不了一死。

明成祖更于永乐六年（1408）下令："各关把关头目军士，务设法巡捕，不许泄漏私茶出境。若有私贩，拿获到关，将犯人与把关头目，各凌迟处死，家迁化外，货物入官。"私运茶叶出境者，与把关不严的负责人，都要剐一百二十刀处死，家属驱逐出境，处罚之严，真到顶峰了！

# 古今得失

我是浙江东阳人，东阳西有西甑山，东有东白山。在唐朝陆羽的《茶经》里，就提到：浙东“婺州东阳县东白山”产茶“与荆州同”。

我的老家古渊头，靠近东白山麓。1965年，我与哥哥李林、妹妹李悦，奔母丧回家。热孝在身，不便寻亲访友。听说村里在丘陵地带下甲山背办了个茶场，而场长李文贵，是少时伙伴，就去参观茶场。

[图1-9] 现代炒茶

李文贵拿出最高级的珠茶招待我们。珠茶圆圆的一颗颗像珍珠，泡在玻璃杯里，慢慢地舒展开来，变成一片片绿叶，浮起来，又沉下去，发出一股幽幽的清香，十分诱人。喝在嘴里，真个齿颊留香，提神消愁。这茶，不但好喝，也很好看。

宋朝的人，要把芽茶浸在水里，把它榨干，烘燥。而后磨成粉，煮着吃。茶的香味、鲜味，难道不会在精制过程中流失吗？现代人把摘来的茶叶放在铁锅里用慢火炒。不是用锅铲炒，而是用手掌炒（图1-9）。据说，只有经验丰富的人，才能把新鲜茶叶炒成一颗颗圆圆的珠茶。茶的香味、鲜味，都裹藏在珠珠里面，直到泡饮时才慢慢散发出来。古今对比，深觉古不如今，今人比古人聪明多了。

最近，我向一位同村人问起下甲山背的茶场，他说：茶场早已没有了，下甲山背好像办了个什么企业。他还告诉我，当年的珠茶很出名，远销到欧洲。

时过境迁，怪不得历史上出过许多名茶，而又逐渐消失。不过，新陈代谢，中国永远会有更多的名茶。

我常想，古人煮茶吃，今人只用茶的嫩叶，是不是浪费了呢？茶，全身是宝，今人利用率低，是不是“今不如昔”了呢？我们应该科学地进一步研究茶的功用，从中发现、采用更多的有用成分。为推进我国的茶文化，作出更大的努力！

# 第一编

# 茶人

# 唐　陆羽

[图2-1]　唐·陆羽画像

陆羽（733—804）（图2-1），《新唐书·隐逸传》有：竟陵（湖北天门县）人，不知所生。有僧于水滨得弃婴，抚育成长，以《易经》六十四卦自卜，得“蹇”之“渐”，有句“鸿渐于陆”、“其羽可用为仪”。遂以陆为姓，名羽，字鸿渐。僧教他读旁行书（横写的书籍，梵文，指佛教经典），他不肯学，不愿做和尚。师怒，罚他干苦活，又要他牧牛三十头。陆羽遂出逃，到戏班子里当丑角，作诙谐书籍数千字。太守李齐物，见而异之，提携他读书，遂结庐于火门山。陆羽容貌寝陋，口吃而好辩。闻人之善，若在于己；见人之过，直言无讳。与人相约，至期虽遇雨雪，途有虎豹，也定要如期赴约。唐肃宗上元（760—761）初年，隐居浙江苕溪，自称桑苎翁，闭门著书，或独行田野间，诵诗击木，徘徊不得意，或恸哭而归。故时人称之为“今之接舆”。接舆是春秋时楚国人，姓陆名通，字接舆。披发佯狂，隐居不仕，人称“楚狂”。接舆不肯做官，陆羽也不肯做官，朝廷曾要他任太子文学、太常寺太祝，均不就职。陆羽卒于唐德宗贞元（785—805）末年。陆羽嗜茶，著《茶经》三篇，讲茶之原、之法、之具。此书一出，天下益知饮茶。卖茶的人，以瓷制陆羽像，置之炉灶间，祀为茶神。陆羽在世时，有御史大夫李季卿巡视江南，好饮茶，有人推荐陆羽为李烹茶。陆羽着布衣，携茶具而往。李不以为礼，陆深以为耻，自取一名为“季疵”，更著《毁茶论》。

有关陆羽的历史，诸书多不一致。如《太平广记》卷201称：“竟陵龙盖寺僧姓陆，于堤上得一初生儿，收育之，遂以陆为氏。”又云：唐文宗大和年间（827—835），有一老和尚自称是陆羽弟子，常吟诗称：“不羡黄金垒，不羡白玉杯，不羡朝入省，不羡暮入台，唯羡西江水，曾向晋陵城下来。”（原文如此，后书多作“黄金罍”、“竟陵”。）

又据《国史补》称：“陆羽少事竟陵禅师智积，异日在他处闻禅师去世，哭之甚哀。”“陆羽于江湖称‘竟陵子’，于南越称桑苎翁，与颜鲁公厚善，及玄真子张志和为友。”颜鲁公即大书法家颜真卿，时为湖州刺史；张志和信道教，号玄真子，擅诗词、工绘画。著名的《渔歌子》“西塞山前白鹭飞”，即为颜真卿座上客时所写。陆羽也在湖州，可谓一时之盛。《国史补》还说：“巩县陶者多为瓷偶人，号陆鸿渐，买数十茶器得一鸿渐。市人沽茗不利，辄灌注之。”意思是说：瓷制陆鸿渐像是搭在瓷壶、瓷杯里赠送的。卖茶的人，以茶水供奉陆鸿渐；但如生意不好，就怪到陆鸿渐没有保佑他们，舀起滚开水来大浇瓷像。

又据《水经》，元和九年（814），张又新在江西荐福寺遇一楚僧，行囊中有书数本，细字密书杂记，有一篇称：李季卿任湖州刺史，于维扬遇陆羽，有倾盖之欢。李云：“陆君善茶盖天下，扬子江南零水又殊绝，今者二妙千载一遇，何旷之乎！”遂命谨慎可信的侍从携瓶操舟，至南零取水，陆羽洁器以待，俄而水至，陆以杓扬水，说道：“水是长江水，但非南零，有似临岸者。”侍从争辩：“我操舟深入南零，见者累百人，敢欺骗吗？”陆羽不说话，将水倾之盆，至半急止，说道：“瓶中后半部分确是南零水。”侍从大惊，不得不说实话。原来，他从南零取水后，舟荡洒出一半，遂从岸边舀水加满。

另据元辛文房《唐才子传》，陆羽与诗人皇甫冉友好。（皇甫冉有《送陆鸿渐栖霞寺采茶》：“采茶飞采篆，远远上层崖。布叶春风浓，盈筐白日斜。旧知山寺路，时宿野人家。借问王孙草，何时泛碗花？”又有《送陆鸿渐山人采茶回》：“千峰待逋客，香茗复丛生。采摘知深处，烟霞羡独行。幽期山寺远，野饭石泉清。寂寂然灯夜，相思一磬声。”）时鲍防官越，羽往依之，冉送以序：“君子穷孔释之名理，穷歌诗之丽则。远墅孤岛，通舟必行；渔梁钓矶，随意而往。夫越地称山水之乡，辕门当节钺之重（指官衙仪仗森严）。鲍侯知子爱子者，将解衣推食，岂徒尝镜水（镜湖）之鱼，宿耶溪（若耶溪）之水而已。”

《唐才子传》也按《新唐书》称陆羽为李季卿烹茶毕，李命奴子与钱，羽愧之，更著《毁茶论》。但《毁茶论》未为后世援引，很可能“事出有因，查无实据”。况据陈诗教《花里话》：陆羽为李季卿烹茶毕，“季卿命取钱三十文酬煎茶博士。鸿渐夙游江介，通狎胜流，遂收茶钱茶具，雀跃而出，旁若无人”。则陆羽未曾“愧之”，更未曾著《毁茶论》了。

总之，陆羽《茶经》为千古名著，推进中国茶文化。唐时称陆羽为“茶仙”，后更称“茶神”、“茶圣”，不亦宜乎！

# 唐 李德裕

李德裕（787—849），字文饶，唐赵郡人。父李吉甫，唐宪宗时任宰相，调动藩镇三十六人，削弱割据势力，因功封赵国公。李德裕因父功得荫补校书郎，仕至淮南节度使。武宗时任宰相，也力主削弱藩镇。后与以牛僧孺为首的“牛党”展开斗争，受排挤，贬任潮州司马、崖州司户，卒于贬所。

[图2-2] 唐人煮茶图

李德裕嗜茶（图2–2），对茶和水的质量优劣十分精通。有个官员出任舒州（安庆）牧，李德裕对他说："你到任后，有天柱峰茶，请惠赠三角。"所谓"角"，原是一种酒杯，后也作为一种量器。这个官员，到任后给李德裕送来天柱峰茶数十斤。李德裕原封不动，送还了他。原来，天柱峰茶很名贵，产量很低，根本不可能一下子筹集数十斤；能得数十斤的，肯定不是正宗的天柱峰茶。这官员了解情况后，刻意购求，终于购得数角，于解任后送给李德裕。李德裕很高兴，说道："这茶不但茶味好，而且能消除酒食中的有毒物质，帮助消化。"大家不大相信他的话，他就叫侍从将肉食装于一个银盒里，再烹了一杯天柱峰茶浇上去。第二天打开银盒来看，肉食已化为水，大家都佩服他的博闻广识。

这个故事有其一定的神秘性。茶能化肉，很可能是夸大其词。关于李德裕讲究茶水的故事，流传更广的是"水递"。所谓"水递"，一般指水路运输；但李德裕的"水递"不是这个意思。原来，李德裕饮毗陵（常州、无锡）惠山泉泡的茶后，十分欣赏，责令地方官派专人把惠山泉装桶后从毗陵送到京都长安，供他煮茶。从毗陵至长安，有三千里之遥。沿途设"递铺"运水，故称"水递"。

李德裕当宰相的名声原是不错的，但人们把"水递"一举与唐玄宗为了宠妃杨贵妃爱吃新鲜荔枝，命令快马递送的故事等同起来，搞得形象大坏。可是，李德裕贵为宰相，没有人敢去提意见。一天，有个和尚去拜见他，李德裕不是科举出身，往往看不起科举出身的人，反而对三教九流喜欢接待。和尚得见李德裕，就说："相公任宰相后，燮理阴阳，万物得所。唯有'水递'一事，犹似日月微蚀，有损威望。小僧深以为憾，乃敢上请，是否可以停止'水递'呢？"李德裕笑道："只要是人，均有嗜好。有的人喜欢烧汞炼丹，也是嗜好所致。对我来说，酒、色、贪财、赌博、打猎、弈棋……都无所好，难道和尚还不许我喝水吗？岂不过于苛求了吗？如果我为师父停止'水递'，转而爱上酒、色、财、猎，岂不更糟糕吗？"李德裕讲得头头是道，可和尚是有备而来，说道："贫道所以拜谒相公，是为了告诉相公：京都有一口井，和常州的惠山泉水脉相通，水质相同。"李德裕听了，大笑道："真是越说越荒唐了！"和尚忙说："相公不妨取井水来尝一尝。"李德裕问："井在哪个坊曲？"

什么叫"坊曲"？原来，唐朝的京都长安，当时是全世界规模最大、建设最整齐的城市。主干道朱雀街，宽100米，两侧有陶制下水道，这是新中国成立后发掘报告说的。朱雀街东西各分54坊，"坊"中的巷，称为"曲"。如唐蒋防《霍小玉传》称："住在胜业坊古寺曲。"当下，和尚回答："井在昊天观常住库后面。"为了弄清是非，李德裕命人取来昊天观井水，装在一个瓶了里；另装一瓶惠山泉、八瓶其他的水，暗记出处，命和尚品尝。和尚尝罢，指出两瓶好水、八瓶普通水。李德裕大为称奇，不胜叹服，遂命停止"水递"。知过能改，善莫大焉。

陆羽有辨扬子江中零水故事，李德裕也有类似故事。据《中朝故事》，李德裕为相时，有亲知奉使京口（镇江），李要他回来时，于金山下扬子江中零水取一壶来。此人归时喝醉了酒，等酒醒时，船已至石头城（南京）下，忙汲一瓶，至京献于李德裕。李尝水后大为惊异，说道：江表水味有异于往年矣，此水颇似石头城下水。其人急忙谢过不迭。

# 宋 蔡襄

蔡襄（1012—1067），宋福建仙游人，字君谟，进士，被朝廷派往福建工作多次。宋时产茶，以福建为盛，丁谓任福建运使，征集佳茶，进贡皇上。他把上品茶制为茶饼，称“龙团”，一斤八饼。及蔡襄任福建运使，更在这一基础上，创制小饼，一斤有二十饼。欧阳修《归田录》云：“茶之品，莫贵于龙凤（茶饼上饰纹），谓之团茶，凡八饼重一斤。庆历（1042—1048）中，蔡君谟为福建路转运使，始造小片龙茶以进。其品精绝，谓之小团，凡二十饼为一斤，其价值金二两。然金可有而茶不可得。每因南郊致斋（祭天），中书、枢密院（最高行政机构）各赐一饼，四人分之。宫人往往缕金花于其上，盖其贵重如此。”王辟之的《渑水燕谈录》也有类似记载，并说是“宫人剪龙凤花（样）贴其上，八人分蓄，以为奇玩，不敢自试（试饮），有佳客出为传玩。”

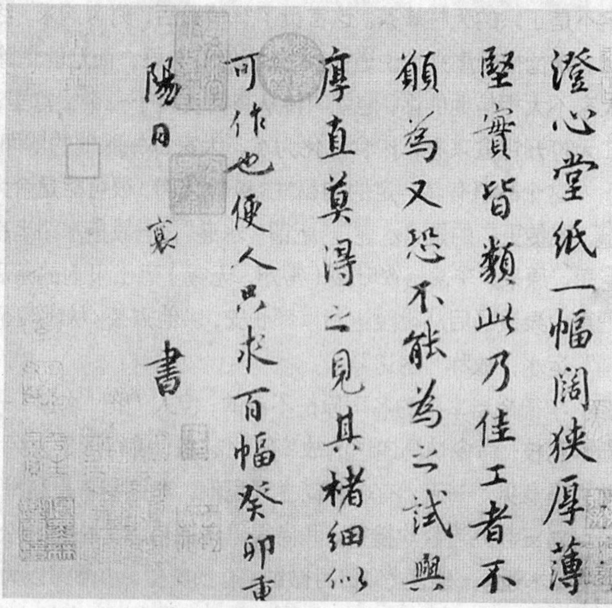

[图2-3] 宋·蔡襄法书

当时文人，对蔡襄的造“小团”茶饼，颇有微词。如富弼听说蔡襄贡小饼龙凤团，叹道：“此仆妾爱其主之事耳，不意君谟亦复为此！”意思是说：进贡异物，讨好主人，是奴才、姬妾干的事情，想不到蔡君谟也会干这种事情。苏东坡在《荔支叹》一诗中也说：“武夷溪边粟粒芽（如粟米大的茶芽），前丁（渭）后蔡相笼加。吾君（皇帝）所乏岂此物，致养口体何陋耶？”其实，他们是在冤枉蔡襄。蔡襄身为福建转运使，征收贡茶，职责所在。要贡精茶，精益求精，只能是皇帝老子自家的愿望。这在蔡襄著作《茶录》后序中有所透露：“臣皇祐中修起居注，奏事仁宗皇帝，屡承天问，以建安贡茶并所以试茶之状。

臣谓论茶虽禁中语，无事于密，造《茶录》二篇上进。”

蔡襄爱茶，不仅有文字著作，且有实际经验。据宋彭乘《墨客挥犀》：蔡君谟善别茶，后人莫及。建安能仁院有茶生石缝间，寺僧采造，得茶八饼，号“石岩白”。以四饼送君谟，复以四饼密遣人至京师送内翰王禹玉。过了一年多，君谟调回汴京，访王禹玉。禹玉命子弟于茶笥中选取精茶，碾待君谟。君谟捧茶瓯未尝，就说：“此茶极似能仁院石岩白，公何从得之？”禹玉未信，取笥中茶贴验之，确是石岩白。

福唐蔡叶丞召蔡襄尝小团茶，坐次，复来一客。及茶至，蔡襄啜而味之，说道：“这茶不但有小团，也有大团掺杂之。”丞惊呼烹茶侍童责问，答称：“本来碾造主客两人的茶，续来一客，来不及碾造三人的小团茶，就把原碾好的大团茶掺进去了。”

有好茶必待好客，但好客未必知茶。蔡襄就遇到过这样的尴尬事。一日，王安石往访蔡襄，蔡喜甚，自取绝品茶，亲涤茶具，烹点待之。王安石拿起茶瓯，于袋中取消风散（驱风寒药粉）一撮，投入瓯中喝之。蔡襄大惊失色，王安石慢慢地说：“大好茶味。”

蔡襄好斗茶。所谓“斗茶”，是互相比较茶的优劣，决出胜负。蔡襄斗茶每胜，但也输过两次。据宋江休复《江邻幾杂志》：“苏才翁（舜元）尝与蔡君谟斗茶，蔡茶精，用惠山泉，苏茶劣，改用竹沥水煎，遂能取胜。”所谓“竹沥水”，是一味主治中风、痰阻等症的中药。取得的方法是用火炙烤青竹，取其沥出的水分。我觉得苏才翁用的竹沥水，肯定不是这一种，否则火气太盛，不可能是上好的水。明谢肇淛曾说：“苏才翁斗茶用天台竹沥水，乃竹露，非竹沥也。若今医家用火逼取竹沥，断不宜茶矣。”我觉得此说也不恰当，竹子很高，新竹很细，要登高取竹叶上露水，很不容易，况竹叶上露水，也未必味佳，较为可信的倒是宋周辉《清波杂志》上说的：“天台竹沥水，彼地人断竹稍屈而取之盈瓮，若杂以他入则亟败（马上变质、变坏）。”

蔡襄还有一次斗茶失败竟是输给一个妓女。据陈诗教《灌园史》：“杭妓周韶有诗名，好蓄奇茗（好茶），尝与蔡公君谟斗胜（斗茶致胜），题品风味，君谟屈焉。”看来，这个妓女对于“奇茗”的品类、知识，竟胜过蔡君谟了。但在文人中，蔡襄的茶知识倒是无与伦比的。据明陈眉公（继儒）《珍珠船》：“蔡君谟谓范文正（仲淹）曰：‘公《采茶歌》云：黄金碾畔绿尘飞，碧玉瓯（茶碗）中翠涛起。今茶绝品，其色甚白，翠绿乃下者耳。欲改为“玉尘飞”、“素涛起”，如何？’希文（仲淹）曰善。”

蔡襄善书法（图2–3）与苏东坡、黄庭坚、米芾合称宋代“苏、黄、米、蔡”四大家。其实，蔡襄的正楷比其他三家都好。欧阳修《归田录》云：“蔡君谟为余书《集古录序目》刻石，其字尤精绝，为世所珍。余以鼠须栗（栗鼠，即松鼠）尾笔、铜绿笔格、大小龙茶、惠山泉等为润笔（酬劳）。君谟大笑，以为太清而不俗。后月余，有人遗（赠）余清泉香饼一箧，君谟闻之，叹曰：‘香饼来迟，使我润笔独无此佳物。’清泉地名，香饼石炭（煤）也，用焚香，一饼之大，可终日不灭。”

蔡襄嗜茶如命，只活到五十六岁。据闻龙《茶笺》：“蔡襄老病不能饮，日烹（茶）而玩之。”连茶水也不能下咽，看来蔡襄得的是胃癌，即中医所称噎食。已不能饮，仍要烹茶为乐事，真是于茶刻骨铭心的了！

# 宋 苏轼

[图2-4] 宋·苏轼画像

唐、宋各约三百年，合约六百年，出了八大文豪，合称“唐宋八大家”。八大家中，苏洵、苏轼、苏辙一家就占了三个，其中又以苏轼最为著名。他不但文章好，诗、词、书法都是首屈一指的。还有画，被后世奉为“文人画”的“开山祖”。苏轼真是“太有才”了，可他自己说有“三不如人”，即着棋、吃酒、唱曲也。苏轼不善喝酒，却善饮茶，说得上是一个千古茶人。

苏轼（1037—1101）（图2-4），字和仲、子瞻，号东坡居士，四川眉山人，嘉祐二年（1057）进士，曾为密州、徐州、湖州、杭州、颍州知州，仕至礼部尚书，但政治道路坎坷，常得罪朝廷，屡遭贬谪至黄州、惠州、儋州。儋州即海南岛，的确被流放到了天涯海角。儋州一名昌化，苏辙《东坡先生墓志铭》云：“昌化非人所居，食饮不具，药石（药物）无有。初僦（租）官屋，以庇风雨，有司（地方官）犹谓不可。则买地筑室，昌化士人（知识分子）畚土运甓以助之，为屋三间，人不堪其忧。公食芋饮水，著书以为乐。”苏轼有诗：“五日一见花猪肉，十日一遇黄鸡粥。土人顿顿（餐餐）食薯芋，荐以熏鼠烧蝙蝠。旧闻蜜唧尝呕吐，稍近虾蟆缘习俗。”所谓“蜜唧”是还没张开眼睛的小老鼠，红色蠕动，土人饲之以蜜，以筷取食，唧唧作声。密唧唐时已有，苏轼原先听说，简直作呕；但入乡随俗，虾蟆、蝙蝠都得吃了；否则要吃菜就难了。

即便生活困难到这个程度，苏轼还是要喝茶。他有《吸江煎茶》诗：“活水还须活火烹，自临钓石取深情。大瓢贮月归春瓮，小杓分江入夜瓶。茶雨已翻煎处脚，松风忽作泻时声。枯肠未易禁三盌，坐数荒村长短更。”他在海南岛自造的房子，相邻天庆观，观中有井水味好，苏轼称之为“乳泉”，可以泡茶，特写《天庆观乳泉赋》。此赋甚长，后面约三分之一处为：“吾谪居儋耳，卜筑城南，邻于司命之宫。百井皆咸，而醪醴湩乳独发于宫中，给吾饮食酒茗之用，盖沛然而无穷。吾尝中夜而起，挈瓶而东，有落月之相随，无一人而我同。汲者未动，夜气方归。锵琼佩之落谷，滟玉池之生肥。吾三咽而遄（快速）返，惧守神之诃讥。却五味以谢六尘（佛教语，指色、声、香、味、触、法），悟一真而失百非。信飞仙之有药，中无主而何依？渺松、乔之安在，犹想像于庶几。”“松、乔”指传说中的仙人赤松子、王子乔。苏轼的意思是说：白日飞升的神仙，定有灵药。他们不晓得在什么地方，能饮乳泉，也胜灵丹妙药，或者也能成仙。

苏轼认为江水胜于井水，南江又胜北江，有好的泉水则胜于江水。他曾说：“予顷自汴（汴京）入淮泛江，溯峡（二峡）归蜀（老家），饮江淮水盖弥年。既至，觉井水腥涩，百余日然后安之。以此知江水之甘于井也，审矣（真的了）。今来岭外，自扬子始饮江水，及至南康，江益清驶，水益甘，则又知南江贤（佳）于北江也。近度岭（指五岭）入清远峡，水色如碧玉，味益胜。今游罗浮，酌泰禅师锡杖泉，则清远峡水又在其下矣。岭外唯惠州人喜斗茶，此水不虚出也。”

苏轼一生写了不少有关茶的文章诗词，有一首咏茶词写得特别好：“已过几番风雨，前夜一声雷。旗枪争战，建溪春色占先魁。采取枝头雀舌，带露和烟捣碎，结就紫云堆。转动黄金碾，飞起绿尘埃。老龙团，真凤髓，点将来，兔毫盏里，霎时滋味舌头回。唤醒青州从事，战退睡魔百万，梦不到阳台。两腋清风起，我欲上蓬莱。”短短一篇词，把茶的时令、形状、制作过程、点茶瓷碗、饮茶功效都提到了。兔毫盏，是指当时最名贵的建窑黑釉兔毫纹茶盏。以其色黑，于斗茶时最易分辨白色泡沫（汤花）的变化形状。苏东坡认为茶有醒酒、祛睡的功效。“青州从事”指酒，《世说新语》：桓公有主簿善别酒，好的称“青州从事”，差的称“平原督邮”。青州有齐郡，平原有鬲县。意为好酒能到脐，差的只在膈上。“阳台”据战国宋玉《高唐赋》：“朝朝暮暮，阳台之下。”后遂以为男女欢合之所，此指梦境。这首词读来十分亲切。为什么呢？因为词中的许多名词，常为后人运用，已为人所习知。“一声雷”指二十四节气中的“惊蛰”，惊蛰之前是“雨水”。茶初长如雀舌，再长至一芽一叶为“旗枪”。犹记解放前茶店散装零卖，茶叶装在锡制大罐里，外面标明“雨前”、“旗枪”等名称。

上面谈到，苏轼认为井水不如江水，江水不如泉水，为什么一尝井水“乳泉”，要叹望成仙了呢？这是因为苏轼的一生有过荣华富贵，也多艰难困苦。海南岛“百井皆咸”，能得一井不咸，已是可喜可贺了。苏轼富贵时有侍姬八人，贬谪惠州，七人散去，只有朝云自愿跟从苏轼。不幸朝云病故，跟苏轼至海南岛的，只有小儿子苏过而已。

不论富贵、穷苦，苏轼都被世人景仰。他爱喝茶，诗词、信件中往往谈到送茶。如《和钱安道寄惠建茶》、《怡然以垂云新茶见饷，报以大龙团，仍戏作小诗》、《次韵曹辅寄壑源试焙新芽》（此诗末二句“戏作小诗君一笑，从来佳茗似佳人”为人传颂）、《元翰少卿宠惠谷帘水一器、龙团二枚，仍以新诗为赠，叹味不已，次韵奉和》；又如与滕元发信：“某再启：前者惠建茗甚奇，醉中裁谢不及，悚愧之极……”这个滕元发是苏轼的好朋友，苏轼给他的信多至二十三封，有一封是要滕元发给他办“红朱累子两卓，二十四隔者”，以供携具野饮之用。所谓“累子”是装菜肴的多层食盒。滕是东阳人，我也是东阳人。看来，东阳木器、油漆，是北宋时就很出名的了。

风水轮流转。北宋时，朝廷欲置苏轼于死地而后快；但至南宋，大崇苏轼文体，有“苏文熟，吃羊肉；苏文生，吃菜羹”之谣。苏轼终于在死后名垂万古！

# 宋 赵佶

毛泽东《沁园春·雪》有句："惜秦皇汉武，略输文采；唐宗宋祖，稍逊风骚。"看来，历代皇帝里有文采、具风骚的，要数五代南唐后主李煜、北宋徽宗赵佶（图2–5）了。可这两人都把政治搞得一塌糊涂，都成亡国之君，被害死、折磨死。看来，文采、风骚，与帝王治理也是难以融洽的了。

赵佶这个风流皇帝，不但好书画，还特别好茶。他的一碗茶，如果要算成本，可能非万钱莫办。

宋朝也出过节俭的皇帝，如仁宗赵祯，一日对近臣说："昨夜失眠肚饥，想吃烧羊。"近臣说："那为啥不传旨取烧羊？"仁宗道："宫中一传旨，外面就定为制度。从此每夜准备烧羊，岂不浪费！"又一日从御苑回到宫中，对嫔御说："口喝得很，快取热水来！"嫔御道："何不在御苑索水？"仁宗道："我是找过几次，看不到水壶。如果查问，定使有关人员论罪。所以就忍渴回来了。"有一年初秋，御膳已有蛤蜊。仁宗道："这么早就有蛤蜊啦，价钱如何？"侍者称每枚千钱。仁宗一数一碗有二十八枚，就说："我常教你们不要奢侈，现在一碗就要二十八千，我不堪也！"遂罢箸不食。

宋仁宗口渴喝热水，想不到他的后代喝茶越来越讲究。宋时制茶饼，进贡皇上的，先是"龙凤团"，所贡不过四十饼。后贡"小团"，形状比"龙凤团"小，质量更精。后又贡"密云龙"，比"小团"更精。宋哲宗元祐初年，宣仁皇太后就下过懿旨："指挥建州，今后更不许造'密云龙'，亦不要团茶。拣好茶吃了，生得甚好意智！"难道茶喝得越好，头脑就越聪明吗？清王士禛在《分甘余话》中说："顾其（宣仁皇太后）言，实可为万世法。士大夫家，膏粱子弟，尤不可不知也。"

可赵佶完全听不得规劝意见，而把喝茶、喝好茶提升到一个新的高度、新的顶峰。他自己动笔，写了《茶论》。由于写时的年号是"大观"，遂被后人称为《大观茶论》。赵佶在《茶论》中说："茶之为物，擅瓯闽之秀气，钟山川之灵禀，祛襟涤滞，致清导和，则非庸人孺子可得而知矣。冲淡闲洁，韵高致静，则非遑遽之时可得而好尚矣。而本朝之兴，岁修建溪之贡，'龙团'、'凤饼'，名冠天下。"他认为，懂

[图2-5] 宋徽宗赵佶像（见《听琴图》）

得喝茶的是高尚的人，不懂得喝茶的是“庸人孺子”。他还认为，天下已被自己治理得“百废俱兴，海内宴然”。既然天下太平，百废俱兴，则采茶、制茶，也得更兴一兴。他说：“故近岁以来，采择之精，制作之工，品第之胜，烹点之妙，莫不盛造其极。”

赵佶虽没到过采茶工地，但对采茶、制茶情况十分了解。他认为采茶的季节要在“惊蛰”，此时“轻寒英华渐长”。时间要在“黎明，见日则止。”采摘茶芽要用指甲，不能用指头，“以爪断芽，不以指揉。”“凡芽如雀舌谷粒者，为斗品；一枪一旗为拣芽；一枪二旗次之，余斯为下。”所谓“斗品”，是指可供“斗茶”使用的精品。新茶刚出，各家茶园互比优劣，称为“斗茶”(图2-6)。宋黄儒在《品茶要录》中提到，“斗茶”的结果，即比赛“斗品”的结果，往往有“昔(往年)优而今(今年)劣，前负而后胜者。虽人工有至有不至，亦造化(天时)推移，(谁也)不可得而擅也。”

赵佶还提出：“茶之始芽萌，则有白合，不去害茶味；既撷则有乌带，不去害茶色。”据

[图2-6]　南宋·刘松年《斗茶图》

宋姚宽《西溪丛语》："唯龙园、胜雪二种，谓之水芽。先蒸后拣。每一芽，先去外两小叶，谓之乌带；又次取两嫩叶，谓之白合。"《东溪试茶录》也说："乌带、白合，茶之大病，不去乌带、则色黄黑而恶；不去白合，则味苦涩。"所谓"水芽"，当指茶工采茶时，"多以新汲水自随，得芽即投诸水，"用以保证茶芽的鲜洁。

赵佶对茶的要求，除"择采"外，还提出："涤芽唯洁，濯器唯净，蒸压唯其宜，研膏唯熟，焙火唯良。造茶先度日晷之长短，均工力之众寡，会采择之多少，使一日造成，恐茶过宿，则害色味。"按他要求制成的贡茶，分十纲贡到宫廷。第一纲名"龙焙贡新"，第二纲名"龙焙试新"，茶质均较嫩。第三纲最好，名目有"龙团胜雪"、"御苑玉芽"、"万寿龙芽"、"上林第一"、"乙夜清供"、"龙凤英华"等。有诗称："政和（赵佶大观后年号）密云不作团，小铸寸许苍龙蟠。金花绛囊如截玉，绿面仿佛松溪寒。"

赵佶喝了好茶，脑子一点没有开窍，而是更加听信奸邪，劳民伤财，内忧外患，终于和儿子钦宗赵桓，做了金国俘虏，押送北上。据《异闻总录》：途经一寺，有一胡僧揖坐，呼童子点茶，茶甚香美。再欲求之，僧与童子转入后堂。往后寻觅，唯竹林一小室，有石刻胡僧像，二童子侍立，很像刚才献茶者。如果这一纪事有些根据，也只能是赵佶沿途渴甚，无茶解渴，白日做梦而已。据《徽钦北徙录》，两个皇帝、两个皇后，四人每天只有粗饭四盂、四人分饮水一二盂。

尽管赵佶是个昏君，但是个当之无愧的"茶皇帝"。他总结和推动了当时的中国茶文化。从这个角度看，他还是有功劳的。

# 明 陈继儒

陈继儒(1558—1639),字仲醇,一字眉公,号麋公,明华亭(今上海松江)人。工诗、文,子史百家,莫不通晓。书法苏轼、米芾,而得飘逸优逸之风致。善画墨梅,也画山水,超凡脱俗,气韵空远。

陈继儒与董其昌同乡同时,只比董其昌晚生三岁,也后死三岁。但二人志趣不同,董耽心仕宦,陈则二十九岁时即焚去儒家衣冠,绝意科举,隐居昆山之阳,后居东佘山。董其昌称赞陈继儒的画:"眉公胸中素具一丘壑,虽草草泼墨,而一种苍老之气岂落吴下画师恬俗魔境。"陈继儒自言:"儒家作画,如范鸱夷三致千金,意不在此,聊示伎俩。又如陶元亮入远公社,意不在禅,小破俗耳!若色色相尚,便与富翁、俗僧无异。"范鸱夷即范蠡,经商三次获得千金,但他的目的不在求财,只不过是稍为展示自己的谋略水平。陶元亮即陶潜,参加了庐山高僧远公的莲社。他的目的不在信佛,只不过稍破俗气。如果样样较真,岂不成了富翁、和尚!他的意思是:作画不求工画,聊写自己胸中逸气而已。

陈继儒不但爱好诗、文、书、画,还爱好品茶。茶好还是酒好?自古有茶酒之争。有人认为:天上只有以酒命名的星,没有茶星。范仲淹《斗茶歌》有句:"森然万象中,焉知无茶星?"意思是说:天上有那么多星星,怎么知道没有茶星呢?陈继儒既好茶,就名所居为"茶星"。他隐居昆山时,咏诗有句:"山中日日试新泉,君合前身老玉川。"所谓"老玉川",是指被后人称为茶中亚圣的唐代诗人卢仝,号玉川子。陈继儒嗜茶如卢仝,故自称为"老玉川"。

[图2-7] 独斟紫砂壶

时有夏茂卿,爱酒复爱茶,写了《酒颠》、《茶董》两本书。陈继儒为《茶董》写序言:"范希文(仲淹)云:'万象森罗中,安知无茶星?'余以'茶星'名馆,每与客茗战旗枪,标格天然,色香映发。若陆季疵复生,忍作《毁茶论》乎?夏子茂卿叙酒,其言甚豪。予曰:何如隐囊纱帽,悠然林涧之间,摘露芽,煮云腴,一洗百年尘土胃耶?热肠如沸，茶不胜酒；幽韵如云，酒不胜茶。酒类侠，茶类隐。酒固道广，茶亦德素。茂卿茶之董狐也，因作《茶董》。东佘陈继儒书于素涛轩。”

序言不长，但已把品茶的妙处写得淋漓尽致。他称夏茂卿是“茶之董狐”。董狐是春秋时晋国史官，直笔记事，无所忌讳。夏茂卿把自己的著作称为《茶董》，即对茶公正评论不加歪曲的意思。但由于夏茂卿同时写了两本书，还有一本《酒颠》，“其言甚豪”。故陈继儒必须把茶与酒作一番比较，才能使人口服心服。他说酒像侠客，茶像隐士；酒道虽广，茶更质朴。他所向往的是，发裹纱巾，不冠不袍，手挟隐囊，可休可靠。与一二知己悠闲于林木流水之间，徜徉于田畴园圃之畔，采摘芽茶，烹煮活水。一碗喉吻润，两碗破孤闷，三碗涤去脏腑百年陈垢尘土，唯余文字五千卷，七碗飘飘欲仙去。

序中提到的“陆季疵”即茶圣陆羽。据说陆羽为李季卿煮茶，李不以为礼，陆大愧，取号“季疵”，欲作《毁茶论》。陈继儒的意思可能是，茶是隐士，真正品茶的人应名利俱绝。与一二知己“茗战旗枪，格标天然，色香映发”。你陆羽要去为大官煮茶，岂非自取其辱了吗？你陆羽要能活过来同我们“茗战旗枪”，还会忍心去写《毁茶论》吗？

古代的大庙宇，往往专辟一室，供僧人喝茶，称为“茶寮”。明朝的文人、隐士，往往于草庐茅舍专辟一室，供自己或与一二知己品茶。陈继儒于序中写“余以‘茶星’名馆”，序末又写“东佘陈继儒书于素涛轩”，可见他作序时已隐居东佘山，并另有书斋，名为素涛轩。

陈继儒品茶，认为罗岕是“天下第一茶”。罗岕地处江苏宜兴（阳羡）和浙江长兴的交界处，因唐代大诗人罗隐曾隐居于此而得名。明代时，制茶方法已从团茶演变为片茶，故罗岕茶也名“岕片茶”。陈继儒曾说：“昔人咏梅花：‘香中别有韵，清极不至寒’，此唯岕茶足当之。若闽中之清源、武夷，吴之天池、虎丘，武林之龙井，新安之松萝，匡庐之云雾，其名虽大噪，不能与岕茶抗也。”

陈继儒既品茶，也品水。他在所著《太平清话》中说：“会尝酌中泠，劣于惠山，殊不可解。后考之，乃知陆羽原以庐山谷帘泉为第一。《山疏》云：陆羽《茶经》言，瀑泻湍激者勿食。今此水瀑泻湍激无如矣，乃以为第一，何也？又云液泉在谷帘侧，山多云母，泉其液也。洪纤如指，清冽甘寒，远出谷帘之上，乃不得第一，又何也？又碧琳池东西两泉，皆极甘香，其味不减惠山，而东泉尤冽。”从这番话可以看出，陈继儒对前人论水的几个大类：瀑布、江水、泉水、井水都作了比较，不人云亦云。蔡襄提出“汤取嫩而不取老”。陈继儒则认为，这话是对团茶碾末泡煮而言，不适用于现在的片茶，即撮泡茶。他说：“今旗芽枪甲，汤不足则茶神不透，茶色不明。故茗战之捷，尤在五沸。”

陈继儒还对一起品茶的人数提出了意见：“独饮得茶神，两三人得茶趣，七八人乃施茶耳。”他的意见竟成了名言，张源《茶录》引申为：“独饮曰神，二客曰胜，三四曰趣，五六曰泛，七八曰施。”

宜兴不但出名茶，也且出名壶，即宜兴陶壶。当时最有名的制壶大师是时大彬，擅制大壶。在接受了陈继儒的言论后，认识到“茶注宜小不宜大，小则香气氤氲，大则易于散漫”，“壶小则香易聚，壶大则味不佳”，即改制小壶（图 2–7），成了制壶艺术的一大进步。

# 明 张岱

明朝末年，南京秦淮河畔，出了几个色艺俱全的著名妓女。如顾眉，善音律，工诗、画，尤工画兰，后嫁名士龚鼎孳为妾，至清朝被封为夫人；又如董白，善诗文，工书、画，后嫁名士冒辟疆。卒后，冒作《影梅庵忆语》一书，为之悼亡。比顾、董更出名的王月生，面似兰花初开，优雅出众。善楷书，工画兰、竹、水仙，也善唱歌，但不轻易开口，甚至连话也懒得讲。一天，一班闲客见她嘴角嚅动，奔走相告："王月生要讲话了。"王月生双颊微红，闭口无话。大家再三请她讲，她终于说出三个字："回家去。"

竟有一个人，能同时请到顾眉、董白、王月生和李十、杨能等名妓参与打猎，这人便是绍兴的贵家子弟张岱。张岱自高祖起，多做大官，特别如曾祖张元忭（图2-8），是个状元、理学家，官至左春坊左赞善。尽管张岱自己没有什么功名，却过了四十年繁华生活。崇祯十一年（1638）冬天，他在南京和一班贵家子弟，邀名妓至牛首山打猎，率铳箭手百余人，共打到鹿一只、麂三只、兔四只、雉鸡三只、狸猫七只。

这个张岱，并不是声色犬马的纨绔子弟，而是个博闻广识、举止儒雅的饱学之士。清兵入关，国破家亡，披发入山，青灯操笔，成《陶庵梦忆》一书，广受传诵。其中一篇《柳敬亭说书》，每被选入中、大学语文课本，成为写事状物，既洗炼而又细节生动的范文。《陶庵梦忆》有123个短篇。写茶水的有《禊泉》、《兰雪茶》、《阳和泉》、《闵老子茶》、《王月生》、《露兄》六篇，比重较大。

[图2-8] 明·张岱曾祖张元忭画像

绍兴产茶，以“日铸”最负盛名。日铸是一座山的名称，原为越王勾践铸剑的地方，后以产茶名世。宋苏轼《宋城宰韩秉文惠日铸茶》诗：“君家日铸山前住，冬后茶芽麦粒粗。”陆游《山居戏题》诗：“嫩白半瓯尝日铸，硬黄（纸名）一卷学《兰亭》。”欧阳修曾说：“两浙名茶，日铸第一。”张岱认为：“（日铸）茶味棱棱有金石之气。”当时，安徽歙县的松萝茶很有名，声望在日铸之上。张岱遂请歙县茶工，到绍兴日铸山制茶。凡制茶之扚法、掐法、挪法、撒法、扇法、炒法、焙法、藏法，一成不变，均如制松萝茶者。如法制出来的日铸茶，烹以多种泉水，香气不出；只有烹以禊泉水，香气才出来，而又过于浓郁。张岱经过多次试验，选用日铸中最佳的“雪芽”，掺入茉莉，烹后盛于敞口瓷瓯，候其冷，再以滚汤冲泻之，结果“色如竹箨方解（嫩竹刚脱壳），绿粉初匀。又如山窗初曙，透纸黎光，取清妃（匹配）白。倾向素瓷，真如百茎素兰同雪涛并泻也”。张岱给此茶取名为“兰雪”。四五年后，兰雪越来越受人们喜爱，以致只饮兰雪，不饮松萝。兰雪供不应求，茶商于兰雪中掺入松萝，同样卖尽。据张岱说：“近日徽歙间，松萝亦改名兰雪。向以松萝名者，封面调换，则又奇矣。”

张岱不仅钻研茶叶，也钻研泉水。上文提到的“禊泉”，就是他首先发现的。当时，浙江的名泉，有会稽陶溪、萧山比干、杭州虎跑。他的祖父张汝霖，当过江西布政使，家居后曾取惠山泉烹茶。从无锡运水至绍兴，要过钱塘江，江南为西兴镇。西兴脚夫，知道所挑是泉水，讶为“咄咄怪事”。张岱自称无力买惠山泉，但也喝不惯普通井泉，戏称之为“泻卤”。于是，到处寻找好水，一日，过斑竹庵，饮茶后觉得水味很好，再看水色，“如秋月霜空，噀（喷）天为白。又如轻岚出岫，缭松迷石，淡淡欲散”。张岱观看井水时，发现石井圈上似有文字，用帚刷之，露出“禊泉”两字，笔法颇似王羲之。以禊泉水烹好茶，茶香大发。唯新汲似有石腥，贮三日，气方尽。他认为，辨别禊泉的方法是：“取水入口，第（但）挢舌舐颚，过颊即空，若无水可咽者，是为禊泉。”有一次，张岱命一长工至禊泉挑水。长工偷懒，在近处挑水而回。张岱发觉后笞打长工，长工恨骂伙伴向主人告密。及张岱指出此水实是某地某井的水，被打长工，方为信服。禊泉出名后，好事者纷至打水，或取以酿酒，或瓮盛而卖，或开禊泉茶馆，或馈送上司。致地方官欲封锁禊泉，以防水尽。一时，官差豪仆，纷至沓来，向斑竹庵和尚借炊索薪，索菜索米。甚至索酒索肉，不供酒肉，则挥老拳。僧人不胜其苦，怪罪禊泉，将腐烂柴草、牲畜粪便暗投井中，又引臭水沟至井边。泉水大坏，不能再饮。张岱知情后，命长工浚井，见有竹管堆积井中，发胀发黑发臭，取去竹管，则是腐草奇臭。淘洗数次，俟泉至，泉实不坏而甘洌。可是，张岱一走，僧人又搞破坏。一而再，再而三，泉乃大坏而不可救。过了几年，有人在阳和岭发现玉带泉。张岱试饮，觉得“空灵不及禊，而清冽过之。”他认为“玉带泉的名称不雅驯，况阳和岭实是张家祖坟所在，风水好，诞生张岱的曾祖张元忭，是个状元，虽官只五品，但卒后得谥“文恭”。遂改“玉带泉”为“阳和泉”，唯恐有人来争产业，特立石为署，张岱作铭：“有山如砺，有泉如砥。太史遗烈，落落磊磊。孤屿溢流，六一擅之。千年巴蜀，实繁其齿。但言眉山，自属苏氏。”意思是说：宋时四川眉山涌出六一泉，苏洵、苏轼、苏辙一家文名大盛，今阳和岭涌泉，也定会使张家大为兴隆。

# 清 弘历

清朝的乾隆皇帝弘历（1711—1799），登基于康熙、雍正之后，国库充实，遂好大喜功，穷兵黩武，平淮噶尔，定回部，扫金川……自称“十金老人”。在生活上，也是精益求精。好喝茶，人称“国不可一日无君”，他即说“君不可一日无茶”。他写了很多有关饮茶的诗，好几首提到“三清茶”。所谓“三清茶”，可说是他的独创，即在以雪水烹龙井茶中，掺进梅花、佛手、松子三种有清香的东西。他在《咏嘉靖雕漆茶盘》一诗中提到：“尝以雪水烹茶，沃梅花、佛手、松实啜之，名曰‘三清茶’，纪之以诗。并命两江陶工作茶瓯，环以御制诗于瓯外，即以贮茶，至为精雅。不让宣德、成化旧瓷也。”宋代乃至明代的人，认为烹茶不能掺合其他香料，以免喧宾夺主，冲淡茶叶特有的香；可弘历偏偏要掺进梅花、佛手、松子三种东西，使茶味更加清香可口。

[图2-9]　清·乾隆《雪景行乐图》部分（右乾隆，左烹茶）

现在，一只乾隆时代的珐琅彩瓷碗，要值几十万乃至几百万元人民币了。可在当时，为了喝三清茶，特制了一批珐琅彩瓷碗，上面写有弘历有关三清茶的御制诗：“梅花色不妖，佛手香且洁。松实味芳腴，三品殊清绝……”皇帝的诗不好，工匠的碗是好的。皇帝认为碗很“精雅”，比得过明朝宣德、成化年间的青花瓷碗。

大概弘历颇以“三清茶”、“三清茶碗”洋洋自得。他不但自己喝三清茶，还每于正月在重华宫茶宴大臣及内廷翰林，赐宴的茶就是雪水烹煮的三清茶。宴后，并赐三清茶碗。“三清茶”有两种：一种是光用梅花、佛手、松子；还有一种是三物与龙井茶混煮。弘历于御制诗《雨前茶》的夹注中提到：“每龙井新茶贡到，内侍即烹试三清以备尝新。”正月茶宴大臣，则龙井新茶肯定没有贡到。当然，也有可能以旧茶叶烹煮三清茶。

据说，慈禧太后出行的火车专列里，有一节车厢专供御厨房使用，备有九个煤球灶。供一个“老娘们”吃饭，得九个灶头，是够阔气的了。可是，乾隆皇帝在宫里煮茶的场面，更为可观。台北故宫博物院藏有一幅宫廷画家画的《乾隆雪景行乐图》（图2–9），画乾隆坐一敞阁中，左手鰒捋髯，右手握管，目视前方。几上有白纸，侍者捧书，磨墨。总的似面对雪景，构思诗意，准备写作。此图右边有一场面，为侍者正忙于烹茶。有的捧茶盒，有的煽炉，有的倒水，有的以茶托置有盖茶碗，把已泡好的茶捧向弘历坐处。光在图上能看到的，即有七八人。

明代嗜茶文人，即有过收集荷叶上的露水泡茶的雅事。凡是雅事，弘历总喜模仿。乾隆二十四年（1759），弘历即命太监、宫女们收集荷叶上的露水，用来泡茶。他还写了一首诗：“秋荷叶上露珠流，柄柄倾来盎盎收。白帝精灵青女气，惠山竹鼎越窑瓯。学仙笑彼金盘妄，宜咏欣兹玉乳浮。李相若曾经识此，底须置驿远驰求。”白帝是西方之神，司秋之神，青女是司霜之神，弘历认为秋荷叶上露水是他们的灵气所化，最宜泡茶。他觉得自己很聪明，不像汉武帝、唐宰相李德裕那么傻气。一个以金盘夜求仙露；一个设驿站专送惠山泉。

说来李德裕真有点傻，他在京都长安为相，不就近寻找好水，偏要从江苏取惠山泉，驰驿送到长安，供他泡茶用。在用茶水这一点上，弘历的确比较聪明，他不泥古不化，不人云也云。他认为水质好坏，与水质轻重有关。他下旨特制了一只小银斗，以此斗取大江南北名水名泉，记下他们的不同重量，结果是北京的玉泉最好，名列第一。其实，明朝吴宽就有过《饮玉泉》的诗：“龙唇喷薄净无腥，纯浸西南万叠青。地底洞名凝小有，江南名泉类中泠。……”

弘历于乾隆十六年（1751）第一次游江南时，对江南文人雅士所设的品茗亭馆，十分欣赏。回到北京后，于行宫园苑内设置多处供他个人品茗赏景的亭馆。如西苑、避暑山庄、静寄山庄均有“千尺雪”茶舍，玉泉山静明园有“竹炉山房”，清漪园昆明湖有“清风啜茗台”，香山静宜园有“竹炉精舍”、“试泉悦性山房”，这些品茗亭馆的建筑，一般都因地僻泉，造于泉溪之边，可以俯视流泉，坐听松涛，赏景品茗，达到心旷神怡的境界。

在香山，除了“试泉悦性山房”，还有跨水而建的“洗心亭”。弘历每游香山，必至这两个品茗之处。有诗：“碧云寺侧屋三间，萧然独据泉之上。第一虽不及玉泉，却喜石乳喷云嶂。曰色曰声曰绝清，宜视宜听信无量。我游香山此必至，况复清和洽幽访。宁须伯仲辨劳劳，得贵其近余应忘。”

# 第三编

# 茶书

# 唐 陆羽《茶经》

陆羽《茶经》(图3-1)是我国的第一部茶叶专著，也是全世界的第一部茶叶专著。此书一出，“天下益知饮茶矣”。此书集当时饮茶文化、饮茶知识之大成，全书分上、中、下三卷。

上卷第一章为茶之源。说明“茶者，南方之嘉木也。”介绍了茶树的性状，与土壤、培育、生态环境的关系，列举茶的别名槚、蔎、茗、荈，还介绍了茶的药用价值。

第二章为茶之具。介绍了十六种采茶、制茶的工具。

第三章为茶之造。论述了茶叶的采摘时间及制造方法。

中卷第四章为茶之器。详细说明了烹茶、饮茶的二十五种茶器。对茶器的质地、尺寸等都作了细致的叙述。

下卷第五章为茶之煮。对煮茶的用炭、用水作了对比分析。对水沸的次数、茶汤的泡沫，都作了十分生动、形象的叙述。

第六章为茶之饮。说饮茶发于神农，闻于周公、晏婴、扬雄、司马相如……之徒。还说到了唐时饮茶的佐料、碗数，等等。

第七章为茶之事。征之古籍，叙述了历代好茶的故事、神话，乃至饮茶的药用功效。

第八章为茶之出。对茶的产地、等级作了列述和比较。

第九章为茶之略。春天，茶可就地采制，方法可以简略，器具可以减免。但在城市之中，王公之家，二十四器缺一不可。

第十章为茶之图。可将白绢数幅分写上述《茶经》内容，悬于座侧。目睹心存，则茶事备矣。

目前，对《茶经》的介绍文章很多，故不予赘述。倒是陆羽的历史，仍多疑团，莫衷一是。他活到七十二岁，没有成过家，可能是貌陋口吃的缘故，也可能是终生飘泊无定的缘故。但他有过一个异性知己，即著名女诗人李季兰。李季兰名冶，乌程(湖州)人，女道士，美姿容，神情萧散，专心翰墨，善弹琴，尤工诗。刘长卿称之为“女中诗豪”。辛文房《唐才子传》称李季兰“时往来剡中，与山人陆羽、上人(和尚)皎然，意甚相得”。经人考证，陆羽是广德元年(763)三十一岁时在钱塘(杭州)结识李季兰的，曾同游余杭(今也属杭州)等地。李季兰有诗《湖上(西湖)卧病喜陆鸿渐至》:“昔去繁霜月，今来苦雾时。相逢仍卧病，欲语泪光垂。强劝陶家(陶潜)酒，还吟谢客（谢灵运）诗。偶然成一醉，此外更何之。”从“昔去”、“今来”，可知两人相交多年；从“泪光垂”，可知感情之深。可惜至兴元元年（784），李季兰因曾写诗送叛将朱泚，被唐德宗所杀。这一年，陆羽五十二岁，可能受打击太大，陆羽从久居的浙江迁居江西上饶。

宋欧阳修手书《集古录跋尾》中提到：陆羽著作甚多，除《茶经》外，尚有《君臣契》三卷、《源解》三十卷、《江表四姓谱》十卷、《南北人物志》十卷、《吴兴历官记》三卷、《湖州刺史记》一卷，《占梦》三卷，“然他书皆不传，独《茶经》著于世耳！”但传世有一篇陆羽写的《怀素别传》，写得十分精彩。特别是怀素与大书法家邬彤、颜真卿共论书法顿悟的一段，可谓神来之笔。足见陆羽的见闻、学识是十分渊博的。

[图3-1]　宋版唐·陆羽《茶经》

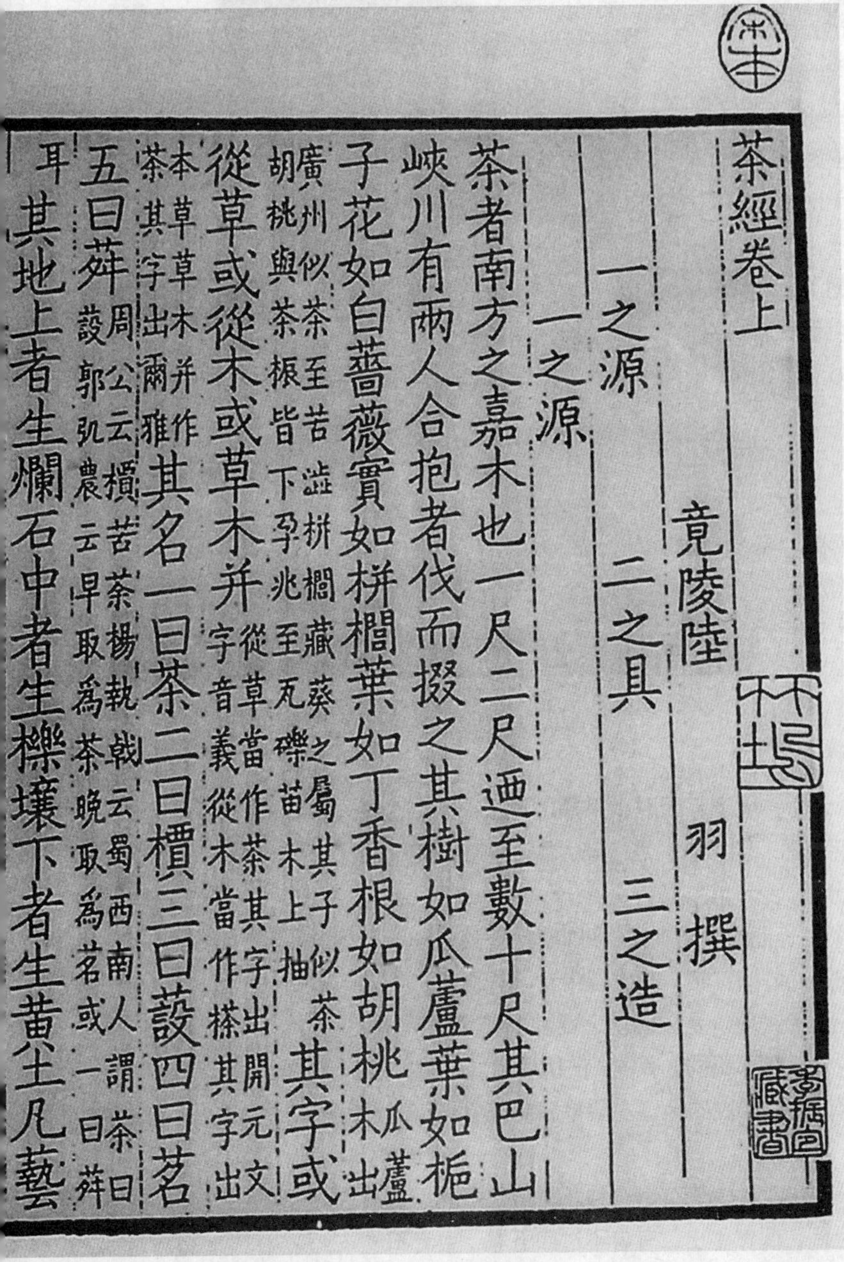
茶經卷上　竟陵陸羽撰
一之源　二之具　三之造
一之源
茶者南方之嘉木也一尺二尺迺至數十尺其巴山峽川有兩人合抱者伐而掇之其樹如瓜蘆葉如梔子花如白薔薇實如栟櫚葉如丁香根如胡桃（瓜蘆木出廣州似茶至苦澁栟櫚蒲葵之屬其子似茶胡桃與茶根皆下孕兆至瓦礫苗木上抽）其字或從草或從木或草木并（從草當作茶其字出開元文字音義從木當作梌其字出本草草木并作茶其字出爾雅）其名一曰茶二曰檟三曰蔎四曰茗五曰荈（周公云檟苦茶楊執戟云蜀西南人謂茶曰蔎郭弘農云早取爲茶晚取爲茗或一曰荈耳）其地上者生爛石中者生櫟壤下者生黃土凡藝

# 宋 赵佶 《大观茶论》

宋徽宗（图3-2）是个昏君，亡国之君；但在写《大观茶论》时，自我感觉十分良好，自称是“至治之世”。他写道：“茶之为物，擅瓯闽之秀气，钟山川之灵禀，祛襟涤滞，致清导和。”茶叶得山川之灵秀，能洗涤胸中郁闷，导致清和之气。“本朝（宋朝）之兴，岁修建溪之贡，‘龙团’、‘凤饼’，名冠天下。”“故近岁以来，采择之精，制作之工，品第之胜，烹点之妙，莫不盛造其极。呜呼！至治之世，岂唯人得以尽其材，而草木之灵者，亦得以尽其用矣。”太平盛世，人尽其才，物尽其用，茶叶的采摘、制作、烹点，都达到了顶峰。

[图3-2] 宋徽宗赵佶画像

赵佶自称：“偶因暇日，研究精微，所得之妙”，分为：地产、天时、采择、蒸压、制造、鉴别、白茶、罗碾、盏、筅、瓶、勺、水、点、味、香、色、藏焙、品名、外焙二十篇，予以分述。

赵佶的有些言论，倒也有他的正确观点。例如，他在列述一些产茶名地、名园之后，说道：“各擅其美，未尝混淆，不可概举。焙人之茶，固有前优后劣，昔负今胜者，是以园地之不常也。”意思是说，名地、名园的茶，年年斗比，年年不同。有的“前优后劣”，有的“昔负今胜”，没有常胜的园，没有常胜的地。主要是靠制茶者当年能否把技艺发挥到极致。

赵佶认为最好的茶是白茶：“白茶自为一种，与常茶不同。其条敷阐，其叶莹薄。崖林之间，偶然生出，有者不过四五家，生者不过一二株，所造止于二三銙（饼）而已。须制造精微，运度得宜，则表里昭澈，如玉之在璞，他无与伦也。”说明白茶并无固定产地，如同动物的“白化”一样，只能偶然出现。以天子之尊，每年所能见到的白茶茶饼，也只二三枚而已。

赵佶对烹茶器皿的要求很高。看来，他不仅是光看别人使用茶器，而是自己亲自使用过，乃有心得体会。如说：“罗、碾。碾以银为上，熟铁次之。槽欲深而峻，轮欲锐而薄。罗欲细而紧。碾必力而速。唯再罗，则入汤轻泛，粥面光洁，尽茶之色。”又如说茶筅：“以筋竹老者为之，身欲厚重，筅欲流动。本欲壮而末必眇（细），当如剑脊之状。盖身厚重，则操之有力而易于运用。筅疏劲如剑脊，则击拂虽过，而浮沫不生。”

赵佶对水的取舍，也有他自己的看法。他认为：“水以清轻甘洁为美。轻甘为水之自然，独为难得。”江河之水，即使轻甘，但有鱼鳖之腥，泥泞之污，仍不能用。他说，古人品水，以“中泠”、“惠山”为上，但距离太远，不能常得，不若“取山泉之清洁者”，“井水之常汲者为可用”。他以皇帝之尊，不像李德裕那样搞“水递”运取惠山水，而主张就地选取山泉、井水，不能不说是一种正确的主张。

唐人煮茶，即将茶末放入水内煮饮。宋人流行点茶，将茶末放在茶盏里，用茶壶将沸水一点一点注入茶盏，不停地用竹筅搅动盏内茶末，令茶水交融，泡沫泛起。故点茶技艺，又称“击拂”。宋徽宗是击拂高手，他说：“量茶受汤，调如融胶。环注盏畔，勿使侵茶。势不欲猛，先须搅动茶膏，渐加击拂。手轻筅重，指绕腕旋。上下透彻如酵蘖之起面，疏星皎月，灿然而生。”

# 明 朱权《茶谱》

朱权(1378—1448),自号臞仙、涵虚子、丹丘先生,系明太祖朱元璋的第十六个儿子。自幼聪慧过人,封宁王。晚年信奉道教,好饮茶,著有《茶谱》。

朱权认为,烹茶“以东山之石,击灼然之火,以南涧之水,烹北园之茶。”当时,虽非钻木取火,也无磷寸火柴,而是以火刀击石,火星引发火绒,然后以纸撚取火。取泉水,烹北园之茶。“北园”,是闽茶的统称。烹茶的这一过程,是风雅之极的事,“岂白丁(无知者)可共语哉!”他还把烹茶和修道挂起钩来,说道:“与天语以扩心志之大,符水火以副内炼之功。得非游心于茶灶,又将有裨于修善之道,其唯清哉!”

朱权指出饮茶的功用在于“助诗兴”,“伏睡魔”,“陪清谈”,“去积热,化痰下气”,“解酒消食,除烦去腻”。这些功效,正是他信道、修道的需要。留心茶道,正是为了潜心修道。他说:“会泉石之间,或处于松竹之下,或对皓月清风(图3-4),或坐明窗静牖,乃与客清谈款语,探虚立而参造化,清心神而出神表。”

朱权在历代众多茶书中,推崇陆羽的《茶经》和蔡襄的《茶录》,深得茶之真谛。但他认为他们把茶“制之为末,以膏为饼。至(宋)仁宗时,而立龙团、凤团、月团之名”。是出于“尚奇”,多此一举,不如将茶叶直接烹而啜之,以遂其自然之性也。他的主张,便是将饼茶改为散茶。

饼茶制作复杂,能喝到饼茶的只能是上层人士。中下层人士及民间喝的,应该早就是散茶。苏东坡词句:“日高人渴漫思茶,敲门试问野人家。”他从民间讨到的,该是散茶。陆游诗:“雨霁鸡栖早,风高雁阵斜。园丁割霜稻,村女卖秋茶。”饼茶制于春天,既然卖的是“秋茶”,那定是散茶了。元朝王桢《农书》中提到元朝的茶有三类:茗茶、末茶和蜡茶。三类中只有蜡茶是饼茶,其余是散茶。明太祖来自民间,喝惯散茶。朱权大约受乃父影响,也主张喝散茶。散茶的制作,开始用蒸青之法,后来发展到炒青,一直沿用到现在。所以说,朱权的《茶谱》,对推进茶道的发展,是有积极作用的。

朱权对饮茶器皿也多改革。特别是茶灶,创用陶土制作。他说:“古之所有茶灶,但闻其名,未尝见其物,想必无如此清气也。予乃陶土粉以为瓦器，不用（普通）泥土为之，大能耐火，虽猛焰不裂……又置汤壶于上，其座皆空，下有阳谷之穴，可以藏飘瓯之具，清气倍常。”又如，他以瓦器制茶瓯，认为是“极清无比”。他说：“茶瓯者，余尝以瓦为之，不用瓷。以笋壳为盖，以槲叶赞覆于上，如箬笠状，以蔽其尘。用竹架盛之，极清无比。”他还说：“煎茶用铜瓶不免汤锃，用砂铫亦嫌土气，唯纯锡为五金之母，制铫能益水德。”他的许多主张，多是可取的。

[图3-4] 明崔子忠《杏园夜宴图》（局部）

# 明　陆树声《茶寮记》

陆树声（1509—1605），字与吉，号平泉，明华亭（今上海松江）人，嘉靖八年（1529）会试第一（会元），曾任太常卿，南京国子监祭酒、礼部尚书等职，后称病归隐，卒年九十七岁。

陆树声不好名利，考取会元后活了六十多年，但做官的岁月，不到十二年。工书，老而不衰，著作也多。好饮茶，著有《茶寮记》。茶

寮，原指寺庙中供僧人饮茶的小斋。明杨慎曾于《艺林伐山·茶寮》中说："僧寺茗所曰茶寮。寮，小窗也。"但陆树声所说的茶寮，不是这个意思，而是指文人雅士所构专供饮茶的小斋，当如明文震亨《长物志·茶寮》所说："构一斗室，相旁山斋，内设茶具，教一童专主茶役，以供长日清谈，寒宵兀坐。幽人首务，不可少废者。"故陆树声所写为：人品、品泉、烹点、尝茶、茶候、茶侣、茶勋七条，统称"煎茶七类"。

陆树声在"人品"中说："煎茶非漫浪（随便），要须其人与茶品相得。故其法每传于高流隐逸，有云霞石泉磊块胸次间者。"

"品泉"中说："山水为上，江水次之，井水又次之。井贵汲多，汲多则水洁，味道清新。"特别指出"汲久贮陈，味减鲜冽。"这一点很重要，像李德裕，把无锡惠山泉运到长安去喝，

[图3-5] 明·仇英《东林图》(局部)

还会水味“鲜洌”吗?《红楼梦》里的妙玉，收集梅花上的雪水，盛在瓷瓮里，埋在地下五年，才拿出来煮茶喝。要真有这事，不喝出病来才怪呢!

“烹点”中说:“候汤眼鳞鳞起，沫饽鼓泛，投茗器中。初入汤少许，俟汤茗相投即满注。云脚渐开，乳花浮面，则味同。盖古茶用团饼碾屑，味易出。叶茶骤则乏味，过熟则味昏底滞。”

“尝茶”中说:“茶入口，先须灌漱，次复徐啜，俟甘津潮舌，乃得真味。若杂以花果，则香味俱夺矣。”以花助茶香味，宋时已有。蔡襄《茶录》即称:“茶有真香，而入贡者微以龙脑和膏，欲助其香。”龙脑是产于闽、广的常绿乔木，花朵香味浓郁，和树干中的膏汁结为冰状结晶体，即冰片。宋代贡茶中，即有加龙脑的“龙凤香饼茶”。至明朝时，发展到桂花、茉莉、玫瑰、兰花、梅花，均可助茶。明钱椿年《茶谱》称:“花多则太香而脱茶韵，花少则不香而不尽美。”陆树声是反对花茶的。他认为茶有真香，“若杂以花果，则香味俱夺”，尝不到茶的真香——淡雅之香了。

“茶候”中说:“饮茶宜凉台静室，明窗曲几，僧寮道院，松风竹月，晏坐行吟，清谈把卷。”他从地点、时令、行动等多方面来阐述适宜饮茶，把饮茶说得很雅致。反之，非清静之地，非闲适之时，非幽雅之举，虽有好茶，也非品啜之候。

“茶侣”中说:“饮茶宜翰卿墨客(图3-5)，缁衣羽士，逸老散人，或轩冕中之超轶世味者。”明朝士人很重视茶侣，即一起饮茶的人。如屠隆在《茶说·人品》中提出:“茶之为饮，最宜精行修德之人……使佳茗而饮非其人，犹汲泉以灌蒿莱，罪莫大焉。有其人而未识其趣，一吸而尽，不暇辨味，俗莫甚焉。”宋时，王安石访问蔡襄，蔡亲烹绝品茶待客，谁知王拿出一包消风散(药粉)投入茶瓯喝之，蔡为之“大惊失色”。民间也有这种笑话:一富翁好品茶，他的一个亲翁是山区农民，冬日严寒，前来看他。富翁烹茶待客，农民边喝边叫好。富翁忙问“是茶叶好还是泉水好?”农民答道:“是热得好!”

“茶勋”中说:“除烦雪滞，涤酲破睡，谈渴书倦，是时茗碗策勋，不减凌烟。”茶的功劳很大，真该像唐太宗把功臣像画于凌烟阁了!

陆树声的《茶寮记》言简意赅，文字幽雅。大书画家徐渭(文长、青藤)曾予原文抄录，称为《煎茶七类》。徐渭的书件得以传世，以致有人把陆作误为徐作。

# 明　许次纾《茶疏》

许次纾，字然明，号南华，明钱塘（杭州）人。据清厉鹗《东城杂记》："跛而能文，好蓄奇石，好品泉……所著诗文甚富。"但传世作品，只有《茶疏》，系成书于明万历二十五年（1597），是根据他的亲身体会而写的，充分反映了当时茶文化的新面貌。如说名茶产地："唐人首称阳羡，宋人最重建州……近日所尚者，为长兴之罗岕……若歙之松萝，吴之虎丘，杭之龙井，并可与岕颉颃（抗衡）……浙之产曰雁宕、大盘、金华、日铸，皆与武夷相伯仲……其他名山所产，当不止此。或余未知，或名未著，故不及论。"

《茶疏》提到，茶叶不但有春茶，还有秋茶："往时无秋日摘者，近乃有之。七八月重摘一番，谓之早春（在第二年春天之前）。其品甚佳，不嫌少薄。他山射利（牟利），摘梅茶，以梅雨时采故名。梅茶苦涩，且伤秋摘，佳产戒之。"

《茶疏》对炒茶也多经验谈："茶初摘时，香气未透，必借火力以发其香。然茶性不耐劳，炒不宜久……炒茶之铛（镬），最忌新铁……一说唯常煮饭者佳，既无铁腥，亦无脂腻。炒茶之薪，仅可树枝，勿用干叶。干则火力猛炽，叶则易焰易灭。铛必磨洗莹洁，旋摘旋炒，一铛之内，仅可四两。"

《茶疏》对茶壶推崇宜兴茶壶："茶壶，往时尚龚春（即供春），近日时大彬所制，极为人所重。盖是粗砂（指泥中有粗砂粒）制成，正取砂无土气耳！"

《茶疏》根据实际经验，得出了茶与水的关系："余尝清秋泊（严子陵）钓台下，取囊中武夷、金华二茶试（烹）之。同一水也，武夷则黄而燥冽，金华则碧而清香，乃知择水当择茶也。"这种关系，是前人从未说到过的。

《茶疏》所提到的泡茶方法，就是我们日前常用的方法："握茶手中，俟汤入壶，随手投茶，定其浮沉，然后泻啜。"他还说，"一壶之茶，只堪再巡（泻两次茶）。初巡鲜美，再巡甘醇，三巡则意味尽矣。余尝与客戏论（讲笑话，以茶比喻女子），初巡为'婷婷袅袅十三余'，再巡为碧玉破瓜年（指二八一十六），三巡以来，绿叶成阴（已生子女）矣。"

许次纾还根据经验和当时风尚，提出宜于饮茶的时会：

心手闲适　　披咏疲倦　　意绪纷乱　　听歌拍曲
罢歌曲终　　杜门避事　　鼓琴看画　　夜深茶话
明窗净几　　佳客小姬　　访友初归　　风日晴和
轻阴微雨　　小桥画舫　　茂林修竹　　荷亭避暑（图 3-6）
小院焚香　　酒阑人散　　儿辈斋馆　　清幽寺观
名泉怪石

宜辍（停止饮茶）：

作事　观剧　发书柬　大雨雪　长筵大席
繁阅卷帙　人事忙迫　及与上宜饮时相反事

不宜用：

恶水　敝器　铜匙　铜铫　木桶　柴薪
麸炭　粗童　恶婢　不洁巾　各色果实香药

不宜近：

阴室　厨房　市喧　小儿啼　野性人　童奴相哄　酷热斋舍

[图3-6]　宋人画《荷亭避暑》

# 清 陆廷灿《续茶经》

陆廷灿，字秩昭，江苏嘉定（今属上海市）人，官崇安知县（图3–7）。平生嗜茶，而崇安为武夷山产茶之地，加上制府（总督）满保为了完成贡茶任务，常以茶事询问陆廷灿。陆遂查阅大量古籍资料，准备写一本《续茶经》，但因工作太忙，未能下笔。后调到北京，任候补主事，多因病家居，遂按陆羽《茶经》体例，整理旧稿，终于完成《续茶经》。

陆廷灿认为：陆羽的《茶经》至清朝已有一千多年，名茶产地、制作过程、烹饮方法，已与实际情况完全不同，故将千余年间有关茶事书籍，分类采集，尽行补入。遇有不同资料，即予考辨订定。偶难判别，则予两存。故《四库全书总目》称此书："一一订定补辑，颇切实用，而征引繁富。"实非过誉。

陆廷灿在《续茶经·茶之源》中，即引徐敦《茶考》，对武夷山茶作了考订：按蔡襄《茶录》诸书，闽中所产茶，以建安北苑为第一，壑源诸处次之，武夷之名未有闻也。然范文正公（仲淹）《斗茶歌》云："溪边奇茗冠天下，武夷仙人从古栽。"苏文忠公（轼）云："武夷溪边粟粒芽，前丁（渭）后蔡（襄）相笼加。"则武夷之茶在北宋已经著名，第未盛耳。但宋、元制造团饼，似失正味。今则灵芽仙萼，香色尤清，为闽中第一。至于北苑、壑源，又泯然无称。岂山川灵秀之气，造物生殖之美，或有时变易而然乎?

陆羽《茶经》的第十章"茶之图"，不过数十字；陆廷灿的"茶之图"查阅资料，列叙唐张萱以来历代著名画家所作有关茶事的图画名目。这些画多已不传。如称明沈周有《醉茗图》，题诗："酒边风月有谁同，阳羡（宜兴）春雷震耳聋。七碗便堪酬酩酊，任渠高枕梦周公。"沈石田较晚出，但此图似也未传。

陆羽《茶经》加工茶末的器具是碾，木制。法门寺出土唐德宗御用的茶碾，系银制鎏金。《茶经》没有提到石磨，但传世宋人画图，即便是画唐朝卢仝（玉川子）煮茶图，不是画碾，而是画磨。如果从加工茶末的功效来说，肯定碾不如磨。碾转为磨的过程，在众多书籍中很少反映。苏轼《次韵董夷仲茶磨》诗云："计尽功极至于磨，信哉智者能创物。"说明北宋时始有茶磨。

《续茶经·茶之图》附录了《茶具十二图》，茶碾、茶磨并存。茶磨的赞言作:“抱坚质，怀直心，哜嚅英华，周行不怠。斡摘山之利，操漕权之重。循环自常，不舍正而适他，虽没齿无怨言。”把石磨的形状、作用，和为人品德有机地结合起来，显得幽默、生动。他还在《茶之具》中，摘到了两条石磨资料:《重庆府志》:“涪江青麻石为茶磨极佳。”《南安府志》:“崇义县出茶磨，以上犹县石门山石为之尤佳。苍翳缜密，镌琢堪施。”

《续茶经》还附录《茶法》，把唐、宋以来历朝税茶法典、制度，作了详细的摘录、归纳，颇有参考价值。

在诸多茶书中，《续茶经》的文字最多，资料最丰，可谓集前代论茶之大成。我对此书，十分看重。

[图3-7] 清代官衙图像

# 第四编

# 茶文

# 宋　苏轼《叶嘉传》

叶嘉，闽人也。其先处上谷。曾祖茂先，养高不仕，好游名山，到武夷，悦之，遂家焉。尝曰："吾植功种德，不时为采，然遗香后世，吾子孙必盛于中土，当饮其惠矣。"茂先葬郝源，子孙遂为郝源民。

至嘉，少植节操，或劝之业武，曰："吾当天下英武之精，一枪一旗，岂吾事哉！"因而游见陆先生。先生奇之，为其著行录而传于时。方汉帝嗜阅经史，时建安人为谒者侍上，上读其行录而善。曰："吾独不得与此人同时哉。"曰："臣邑人叶嘉，风味恬淡，清白可爱，颇负其名，有济世之才，虽羽知犹未详也。"上惊，敕建安太守召嘉，给传遣至京师。

郡守始令访嘉所在，命赍书示之，嘉未就。遣使臣督促，郡守曰："叶先生方闭门制作，研味经史，志图挺立，必不屑进，未可促之。"亲至山中，为之劝驾，始行登车。遇相者，揖之曰："先生容质异常，矫然有龙凤之姿，后当大贵。"

嘉以皂囊上封事。天子见之曰："吾久饫卿名，但未知实尔，我其试哉。"因顾谓侍臣曰："视嘉容貌似铁，资质钢劲，难以遽用，必槌提顿挫之乃可。"遂以言恐嘉曰："砧斧在前，鼎镬在后，将以烹子，子视之如何？"嘉勃然吐气曰："臣山薮猥士，幸为陛下采择至此，可以利生，虽粉身碎骨，臣不辞也。"上笑，命名曹处之，又加枢要之务焉，因诫小黄门监之。有顷，报曰："嘉之所为，犹若粗疏然。"上曰："吾知其才，第以独学，未经师耳。"嘉为之屑屑就师，顷刻就事，已精熟矣。上乃敕御史欧阳高、金紫光禄大夫郑当时、甘泉侯陈平三人与之共事。欧阳疾嘉有宠曰："吾属且为之下矣。"计欲倾之。会天子御延，口促召四人，欧但热中而已，当时以足击嘉，而平亦以口侵凌之。嘉虽见侮，为之起立，颜色不变。欧阳悔曰："陛下以叶嘉见托吾辈，亦不可忽之也。"因同见帝，阳称嘉美而阴以轻浮訾之，嘉亦诉于上。上为责欧阳，怜嘉，视其颜色久之曰："叶嘉其清白之士也，其气飘然若浮云矣。"遂引而宴之。少间，上鼓舌欣然曰："始吾见嘉，未甚好也，久味其言，令人爱之，朕之精魄不觉洒然而醒。《书》曰：'启乃心，沃朕心。'嘉之谓也。"于是，封嘉钜合侯，位尚书。曰："尚书，朕喉舌之任也。"由是，宠爱日加。朝廷宾客遇会宴享，未始不推嘉于上，日引对至于再三。后因侍宴宛中，上饮逾度，嘉辄苦谏，上不悦曰："卿司喉舌而苦辞逆我，余岂堪哉？"遂唾之，命左右仆于地。嘉正色曰："陛下必欲甘辞利口然后爱耶？臣虽言苦，久必有效，陛下亦尝试之，岂不知乎？"上顾左右曰："始吾言嘉刚劲难用，今果见矣。"因含容之，然亦以疏嘉。嘉不得志，退去闽中。既而曰："吾未如之何也，已矣。"上以不见嘉月余，劳于万机，神苶思困，颇思嘉。因命召至，喜甚，以手抚嘉曰："吾渴欲见卿久矣。"遂恩遇如故。

上方欲南诛两越，东击朝鲜，北逐匈奴，西伐大宛，以兵革为事。而大司农奏计国用不足。上深患之，以问嘉，嘉为之进三策。其一曰：榷天下之利，山海之资，一切籍于县官。行之一年，财用丰赡，上大悦，兵兴有功而还。上利其财，故榷法不罢，管山之利自嘉始也。居一年，嘉告老。上曰："钜合侯其忠可谓尽矣。"遂得爵其子。又令郡守择其宗支之良者，每岁贡焉。嘉子二人，长曰抟，有父风，故以袭爵。次子挺，抱黄白之术，比于抟，其志尤淡泊也。尝散其资，拯乡闾之困，人皆德之。故乡人以春伐鼓，大会山中求之以为常。

赞曰：今叶氏散居天下，皆不喜城市，唯乐山居，氏以闽中者，盖嘉氏之苗裔也。天下叶氏虽伙，然风味德馨为世所贵，皆不及闽。闽之居者又多，而郝源之族为甲。嘉以布衣知遇天子，爵彻侯，位八座，可谓荣矣。然其正色苦谏，竭力许国，不为身计，盖有以取之。

[图4-1] 宋时君臣问答图

夫先王用于国有节，取于民有制。至于山林川泽之利，一切与民。嘉为策以榷之，虽救一时之急，非先王之举也，君子讥之。或管山海之利，始于盐铁丞孔仅、桑弘羊之谋也，嘉之策未行于时，至唐赵赞始举而用之。

古代文人，游戏所至，把身边事物拟人化，为之著史立传。如唐韩愈，为毛笔作《毛颖传》；唐文嵩，为石砚作《即墨侯石虚中传》。宋朝的苏轼，也为茶叶写了这篇《叶嘉传》。陆羽《茶经》第一句是“茶者，南方之嘉木也。”茶，是嘉木的叶，故名之为“叶嘉”。家在闽之武夷，是因为宋时以闽茶最为著名。此文之名，真虚并用。如称祖籍是“上谷”。上谷是古代郡名，在燕，即今河北，并非古之产茶地域，当指“深山野岭”。又，虚拟传记，一般都要借托古代。如唐白居易《长恨歌》第一句：“汉皇重色思倾国”，实际上是指唐明皇喜欢女色，想得到“倾国倾城”的美人。苏轼不便写宋朝皇帝，就写“汉帝”。但为叶嘉作“行录传于时”的，仍写“陆先生”、“虽羽知犹未详也”。舍陆羽，再无其人。

《叶嘉传》写叶嘉受朝廷征用，蒙皇上恩宠（图4-1），“朝廷宾客遇会宴享，未始不推嘉于上，日引对至再至三”。“封钜合侯，位尚书”。后因苦谏，获罪皇上，贬回闽中。月余，皇上又“渴欲见”嘉，召至，恩遇如故。时朝廷困兵，财政不足。叶嘉提议征收产税，“行之一年，财用丰赡”。“管山之利自嘉始也”。居一年，告老而归。

苏轼把茶叶的制造方法，写入传中。由于茶已拟人化，不便明写，只能隐喻。如写皇上为了考验叶嘉，故意恐吓他：“砧斧在前，鼎镬在后，将以烹子，子视之如何？”叶嘉无所畏惧，勃然答道：“臣山薮猥士，幸为陛下采择至此，可以利生（只要有利于天下），虽粉身碎骨，臣不辞也。”说明茶采下后，要“蒸之，捣之，拍之，焙之，穿之，封之”，而后成品。又如，皇上命小太监监视叶嘉，小太监报：“嘉之所为，犹若粗疏然。”皇上认为，这是因为“第以独学，未经师耳。”意为：这是他单独学习，未经明师指教的缘故。“嘉为之屑屑就师，顷刻就事，已精熟矣。”这是暗示茶叶研末后，须经细筛，去其“粗疏”，方可烹用。

传中提到叶嘉的三个同事：御史欧阳高、金紫光禄大夫郑当时、甘泉侯陈平，“疾嘉有宠”，“计欲倾之”。很可能是指旨酒、汤汁、甜饮。他们原得皇上宠爱，现见皇上最宠叶嘉，心怀不平，每欲倾轧。皇上把他们比较之后，觉得“欧但热中而已”，“叶嘉其清白之士也，其气飘然若浮云矣。”

叶嘉有两子挎、挺，可能是指圆形、方形的茶饼；也可能是指贡茶与民用茶。所以说挺“志尤淡泊”，“拯乡间之困，人皆德之”。传称：“故乡人以春伐鼓，大会山中求之以为常。”当指民间开春即上山采摘芽茶的盛况。

传记末尾，每有一段概括性、赞扬性的文字，多用四字句或四六句，排比押韵，名之为“赞”。《叶嘉传》也有“赞”，仍为散文。除概括外，内容着重写茶税。由于汉时实无茶税，只有孔仅、桑弘羊的盐、铁税赋，不得不写“嘉之策未行于时，至唐赵赞始举而用之。”很明显，苏轼是反对以茶扰民，以税困民的。他认为先王之道，“用于国有节，取于民有制。至于山林川泽之利，一切与民”。榷茶“非先王之举也，君子讥之”。

# 宋　赵令畤《侯鲭录·记黄庭坚语》

黄鲁直云：烂蒸同州羊羔，沃以杏酪，食之以匕，不以箸。抹南京面作槐叶冷淘，糁以襄阳熟猪肉，炊共城香稻，用吴人脍松江之鲈。既饱，以康山谷帘泉烹曾坑斗品。少焉卧北窗下，使人诵东坡《赤壁》前后赋（图 4–2），亦足少快。

赵令畤(1061—1134)，字德麟，是宋太祖次子燕王德昭的玄孙。因与苏轼友善，被牵连进“元祐党籍”。后随高宗南渡，任洪州观察使，袭封安定郡王。

[图4-2]　明·文徵明书苏轼《赤壁赋》（局部）

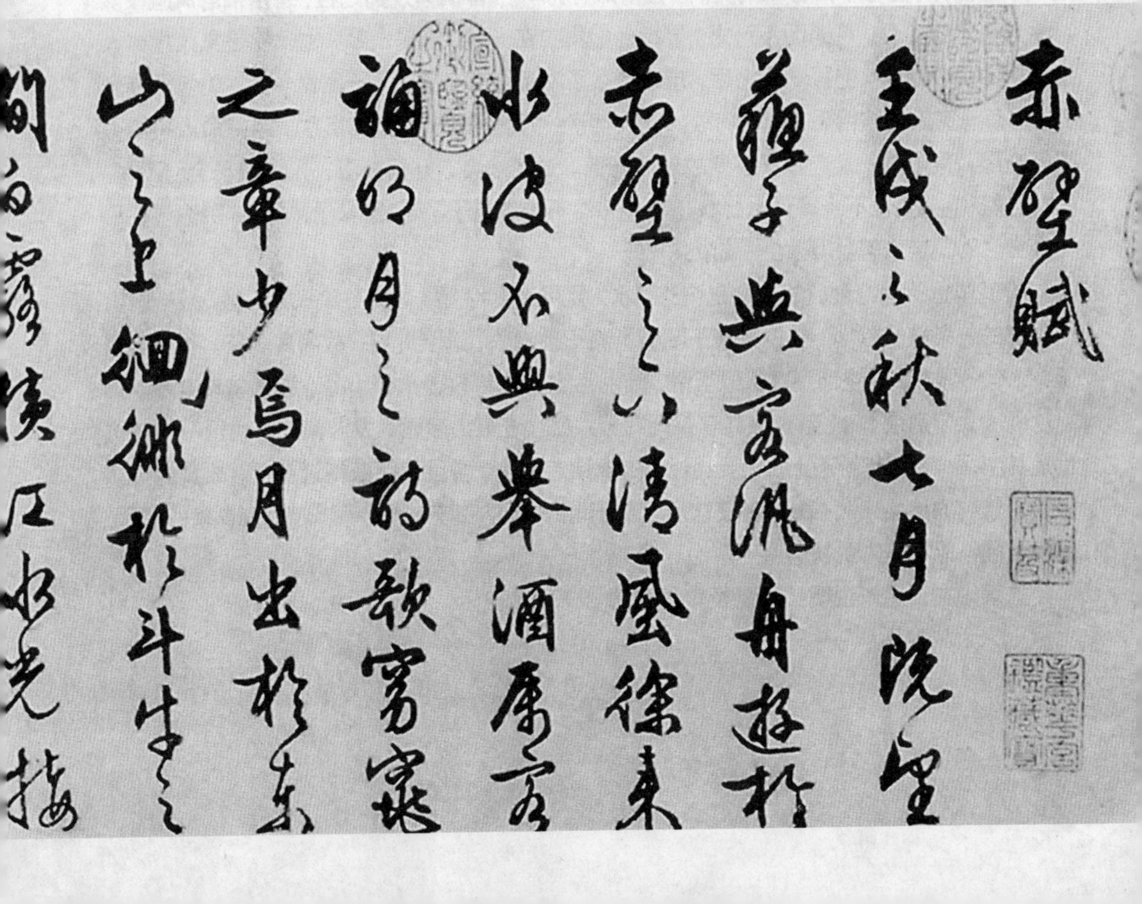

汉代楼护，将五侯所送佳肴，合煮为鲭，味极美，世称“五侯鲭”。赵令畤的《侯鲭录》，即取名于此。书中所记，多文人逸事、诗坛趣闻、名物典故。由于欧阳修、王安石、苏轼、黄庭坚等，都是他的朋友，故所记多为第一手资料，较为可信。

此条记黄庭坚的一番话，可能是数人共讨人生快事，而以黄庭坚的意见最为出色，故予记录。所谈主要是佳肴美食：同州今为陕西大荔。取同州羔羊，蒸得烂熟，浇上杏酪。杏酪指用杏仁粉制成的糊状物，也有可能是掺合杏仁粉的乳酪。用调羹（汤匙）舀着吃，不用筷子。因为烧得太烂，筷子根本夹不起来。有肴还得有面点，想到了南京面食槐叶冷淘。槐叶冷淘是一种凉食，以面与槐叶水等调和，切成饼、条、丝等状，煮熟过凉水后食用。苏轼有《二月十九日携白酒鲈鱼过詹史君食槐叶冷淘》诗：“青浮卵碗槐芽饼，红点冰盘藿叶鱼。”王十朋注，槐芽饼即“槐叶冷淘也。盖取槐叶汁溲面作饼，即鲜碧色也。”光有羊肉、冷淘还不够，还得有襄阳熟猪肉、松江鲈鱼做成的脍，共城（河南辉县）香稻烧成的米饭。此文作襄阳猪肉味佳，但据苏轼事迹，是河阳（河南孟县）猪肉味佳。苏曾派人去河阳买猪，烧猪肉后请客共尝。众客皆云味道特好，非其他地方的猪肉所能比拟。后经同伙揭发：派去买猪的人归途醉酒，猪逃走，就在当地买了只猪顶替。众客知所尝并非河阳猪肉，谬加赞赏，惭愧不已。松江（今属上海）鲈鱼，四鳃，肉白如雪，而无腥气，细切制脍，其味特佳。香稻是稻中佳品，可能与今日香米同类。唐杜甫即有诗句：“香稻啄残鹦鹉粒，碧梧栖老凤凰枝。”

这些珍馐美食，可遇而不可求。要把他们集中在一起，饱餐一顿，也只能是文人虚拟人生快事的美梦而已。饱餐一顿之后，想吃什么了？记得有个笑话：一富家子弟，见包子铺开笼，旁有一穷人畏缩惶恐，问他何故如此？他说：“我最怕肉包子。”富家子弟就命人将穷人置入空屋，桌上放一盆肉包子，要故意吓吓他。过了一会，开门查看，只见包子全已不见。问故？答称：“我也不晓得什么缘故，今天忽然不怕肉包子了。”富家子弟问：“那你现在最怕什么了？”穷人答：“最怕一碗浓茶！”

黄庭坚也认为饱食后的快事是喝茶。水，要用康山谷帘泉。康山谷即康王谷，是庐山南山中部的一条狭长谷地。传说楚康王昭被秦将王翦追杀，逃至此谷，故名康王谷。谷中溪涧源头，有一瀑布，悬空而下，状似玉帘，陆羽品定为“天下第一水”。茶，要用曾坑斗品。据赵汝砺《北苑别录》，北苑官焙共有茶园四十六所：麦窠、壤园、龙游窠、苦竹里……曾坑也是其中之一。每年新茶上市，要通过斗茶，评定名次。曾坑可能获得过首选，故黄庭坚认为要用曾坑的斗品来烹茶。饱餐美饮后，高卧北窗，听人读苏轼《赤壁》前后赋。享口福后，复享耳福，能不是人生快事吗？

这篇短文，足以说明：茶是畅口消食的第一珍品！

# 宋 罗大经《鹤林玉露·山静日长》

[图4-3] 清人画《牛背笛声》

唐子西诗云:“山静似太古,日长如小年。”余家深山之中,每春夏之交,苍藓盈阶,落花满径,门无剥啄,松影参差,禽声上下。午睡初足,旋汲山泉,拾松枝,煮苦茗啜之。随意读《周易》、《国风》、《左氏传》、《离骚》、太史公书及陶、杜诗,韩、苏文数篇。从容步山径,抚松竹,与麛犊共偃息于长林丰草间。坐弄流泉,漱齿濯足。既归竹窗下,则山妻稚子作笋蕨,供麦饭,欣然一饱。弄笔窗间,随大小作数十字,展所藏法帖、墨迹、画卷纵观之。兴到则吟小诗,或草《玉露》一两段。再烹苦茗一杯,出步溪边,邂逅园翁溪友,问桑麻,说粳稻,量晴校雨,探节数时,相与剧谈一晌。归而倚杖柴门之下,则夕阳在山,紫绿万状,变幻顷刻,恍可人目。牛背笛声,两两来归,而月印前溪矣。味子西此句,可谓妙绝。然此句妙矣,识其妙者尽少。彼牵黄臂苍、驰猎于声利之场者,但见衮衮马头尘,匆匆驹隙影耳,乌知此句之妙哉!人能真知此妙,则东坡所谓“无事此静坐,一日是两日。若活七十年,便是百四十。”所得不已多乎?

作者罗大经,字景纶,宋庐陵(江西吉水)人,宝庆二年(1226)考中进士,曾任容州法曹掾、抚州军事推官等职。后被劾罢官,在悠闲的隐居生涯中度过余生。所著《鹤林玉露》十八卷,自称因“日与客清谈鹤林之下”,遂用杜甫诗句“爽气金天豁,清淡玉露繁”而名之。

《鹤林玉露》收入《四库全书》,称其体例在诗话、语录、小说之间,宗旨在文人、道学、山人之间。这一则《山静日长》,选自《鹤林玉露》丙编卷四。文字虽然简短,但可谓自己隐居山中的真实写照。全文开头引用了唐子西的两句诗:“山静似太古,日长如小年。”唐子西即唐庚,字子西。宋丹陵人,进士,曾任承议郎,工诗文,有《眉山文集》。隐居山中，没有俗务缠身，便会觉得度日特别漫长。好在自己的隐居生涯十分丰富，可以读书、写字、作诗、写文章。完全随心所欲，不受拘束。可以展赏所藏法帖、名画，赏心悦目。还可以溪边闲步，偶逢老农、邻居，谈稻粱，说桑麻。罗大经特别强调，在自己的隐居生涯中，必不可少的便是烹茶，而且要一日两次。午睡醒来，便要自汲泉水，自拾松枝，“煮苦茗啜之”。散步、读书、写字、作诗、写文章后，“再烹苦茗一杯”。隐士之于茶，真可谓“不可一日无此君”了！

罗大经妙于写景：“每春夏之交，苍藓盈阶，落花满径，门无剥啄，松影参差，禽声上下。”苔痕上阶绿，落花满幽径。没有人会来敲门打扰，没有铜壶、日晷计时；唯有随着日升日暮，松影不断变换，幽禽不断鸣叫。这正是“好鸟枝头亦朋友，落花水面皆文章”。又如“夕阳在山，紫绿万状，变幻顷刻，恍可人目。牛背笛声（图4-3），两两来归，而月印前溪矣。”寥寥三十字，写景状物之妙，令人拍案叫绝！

罗大经道：只有像我这样过惯隐居生涯的人，才能真正体会到唐子西“山静似太古，日长如小年”的妙处。至于那些“牵黄臂苍”，追逐名利的人，是不可能理解此句之妙的。“牵黄臂苍”指手牵黄犬，臂蹲苍鹰出去打猎。这里有个典故：秦相李斯，被赵高所害，论罪腰斩，夷三族。李斯临刑前，对次子说：“吾欲与若复牵黄犬，俱出上蔡东门逐狡兔，岂可得乎？”罗大经引用此典，旨在说明：官场祸福无常，富贵不过似驹过隙，片刻即逝。

文末罗大经还引用苏轼的诗：“无事此静坐，一日是两日。若活七十年，便是百四十。”山静日长，一日顶两，隐士所得到的不已很多了吗！

罗大经文中提到的苦茗，当是浓茶。

明代著名文人、书画家文徵明，也很喜欢罗大经的《鹤林玉露·山静日长》。他八十七岁时，还把这段文字抄在一幅扇面上（图4-4），留传至今。

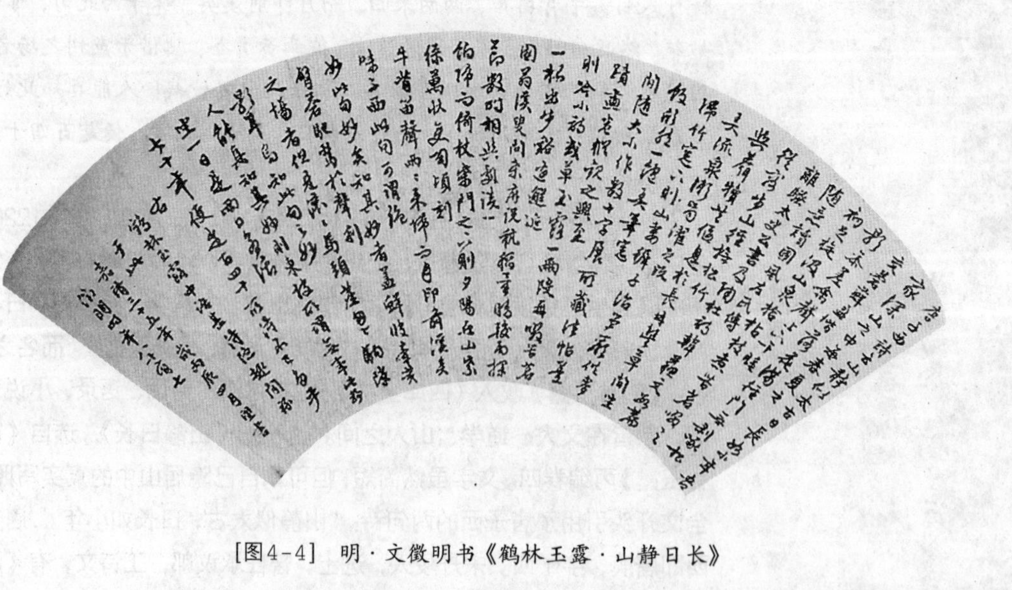

[图4-4]　明·文徵明书《鹤林玉露·山静日长》

# 元 杨维祯《煮茶梦记》

铁崖道人卧石床，移二更，月微明，及纸帐梅影，亦及半窗，鹤孤立不鸣。命小芸童汲白莲泉，燃槁湘竹，授以凌霄芽为饮供。乃游心太虚，恍兮入梦。

杨维祯（1296—1370），字廉夫，号铁崖，元会稽（绍兴）人，泰定四年（1327）进士，任天台尹，升江西儒学提举，迁居钱塘（杭州），张士诚屡招之不往。工诗文，擅行草书（图27）。

这篇文字很短，但把饮茶的时间、环境、品类、功效都讲到了。杨维祯号铁崖，此处自称铁崖道人。元时，文人、书画家称道士的很多，有的真加入过道教组织，有的徒有其名。为什么喜欢称道士、道人？原来，元代统治者把人分为十等：一官、二吏、三僧、四道、五医、六工、七猎、八民、九儒、十丐。（一作七匠、八娼、九儒、十丐）"后之者，贱之也。贱之

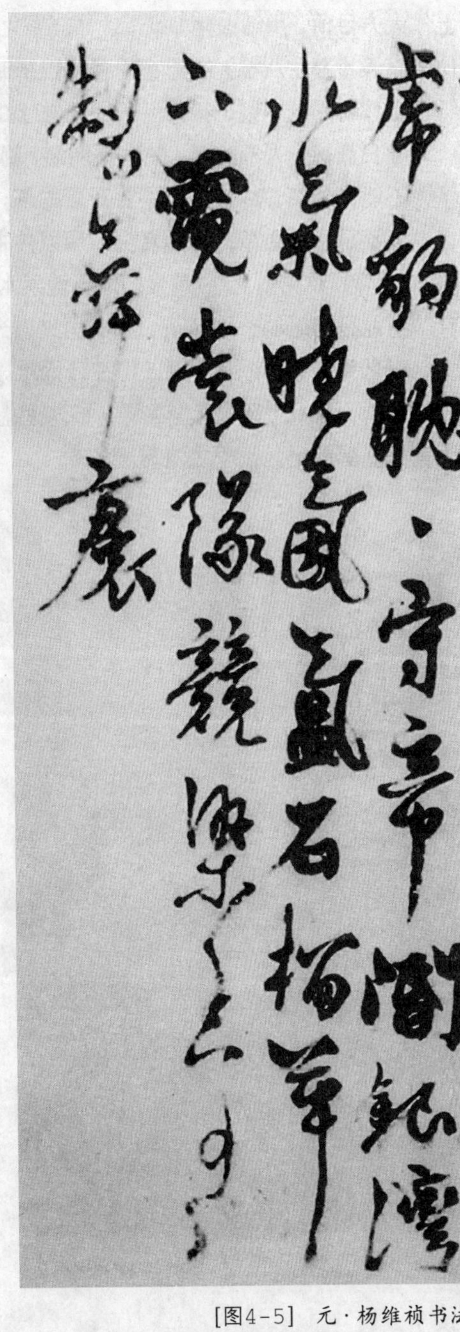

[图4-5] 元·杨维祯书法

者，谓无益于国也。”难怪儒者要称道人了。

卧石床，当是暑天；二更月明，当是阴历下半月。月光照到“纸帐梅影”。近见一书译白，于此句作：“帐子上面显现出了梅花的影子。”译者省去“纸”字，也未明四字原委。据宋林洪《山家清事·梅花纸帐》：“法用独床，旁置四黑漆柱，各挂以半锡瓶，插梅数枝……上作大方目顶，用细白楮（纸）衾作帐罩之……”我想杨维祯提及的纸帐未必如此复杂，应似明高濂《遵生八笺》所述，用藤皮茧纸制成帐子，顶用稀布，用以透气。有些书上表明，纸帐上作有书画。则“梅影”只是纸帐上的画梅，况暑天也无梅花，何来梅影？

夏日暑热，人不能堪，鹤也不能堪，孤立不动不鸣。久而思饮，这文人雅士的饮可讲究了，不能是剩茶、冷茶，而是要新烹的茶。水、茶叶、柴火，都很讲究。“小芸童”即小书童。芸草是一种香草，可避蠹虫，用以护书。故以“芸窗”、“芸馆”称书斋，“芸签”称书签，“芸童”称书童。“白莲泉”是当地泉水；“槁湘竹”指枯旧斑竹，烧时无烟火味；“凌霄芽”可能是当时的一种名茶，顾名思义，当是一种高山云雾茶，采摘嫩芽焙制而成。

一般讲，茶可消食去睡。但在疲而难以入眠时，喝了热茶，反能起到引人入睡的功用。齿颊留香，两腋生风，凡尘尽涤，神游太虚，悠悠忽忽，恍然入梦。梦中境界，定比人间更为美好。醒而记之，千古流芳。

# 明 王世懋《二酉委谭》一则

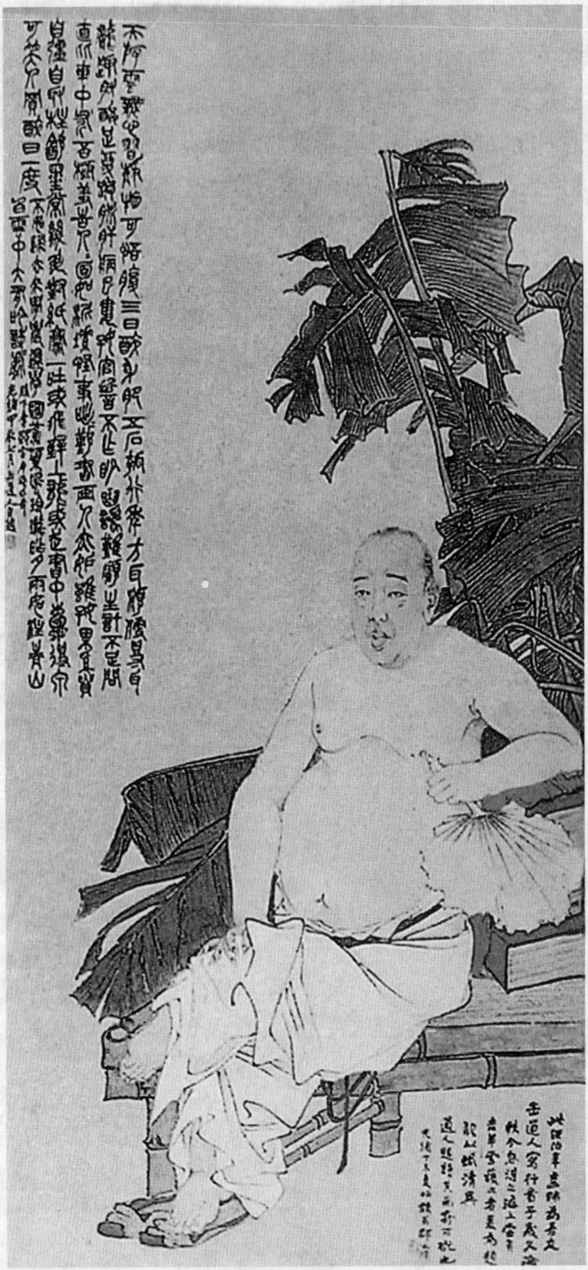

[图4-6]　清·任伯年《蕉荫（赤膊）纳凉》

余性不耐冠带，暑月尤甚。豫章天气早热，而今岁尤甚。春三月十七日，觞客于滕王阁，日出如火，流汗接踵，头涔涔几不知所措。归而烦闷，妇为具汤沐，便科头裸身赴之。时西山云雾新茗初至，张右伯适以见遗，茶色白大，作豆子香，几与虎丘埒(lie)。余时浴出，坐明月下，亟命侍儿汲新水烹尝之，觉沆瀣入咽，两腋风生。念此境味，都非官路所有。琳泉蔡先生老而嗜茶，尤甚于余。时已就寝，不可邀之共啜。晨起复烹遗之，然已作第二义矣。追忆夜来风味，书一通以赠先生。

王世懋（1536—1588），字敬美，号麟州、损斋，江苏太仓人，明嘉靖三十八年（1559）进士，官至南京太常少卿，与兄王世贞，并有文名。“二酉”指大酉、小酉二山，在湖南沅陵西北，相传秦人藏书山上石穴中，后世遂以藏书多为“二酉”。“委谭”，犹言琐碎的谈话。《二酉委谭》，是一种随想、笔记式的小品文。此则讲喝茶，十分精彩，予以译白：

我不喜欢穿整齐的礼服，缚带戴帽，夏天更加如此。江西南昌的天气热得早，今年尤其厉害。春天三月十七日（农历），我在滕王阁设宴请客，太阳如火烧，汗流直至脚底，头脑昏昏然，几乎举止失措。回家感到十分烦躁，妻子为我备好热水洗澡，我赶紧摘帽脱衣，裸身往洗。

其时，西山云雾茶已上市，友人张右伯刚好见赠。此茶色白而大，闻之有香似豆，茶味几乎与苏州虎丘的名茶相仿。我浴罢赤膊坐在月光中（图4–6），急命侍者汲新水烹而尝之。顿觉香气入喉，两腋生风，飘飘欲仙。这种风味，这种境界，绝非官场所能遭遇。

蔡琳泉先生，老而嗜茶，超过了我。可惜他睡得早，不能请他来同品云雾茶。翌日早起，复烹此茶送给他喝。比起昨夜滋味，已是次一等的了。特写此文，以赠蔡老先生。

此文虽短，但非平铺直叙，而深通对比、抑扬之法。暮春天热，官场应酬，袍服冠带，杯盘交错，俗不可耐。科头赤膊，静沐月光，品尝新茗，几入仙境。这是一篇绝妙的明代小品，这是一篇绝妙的品茗杰作！

# 明　董其昌《容台集》二则

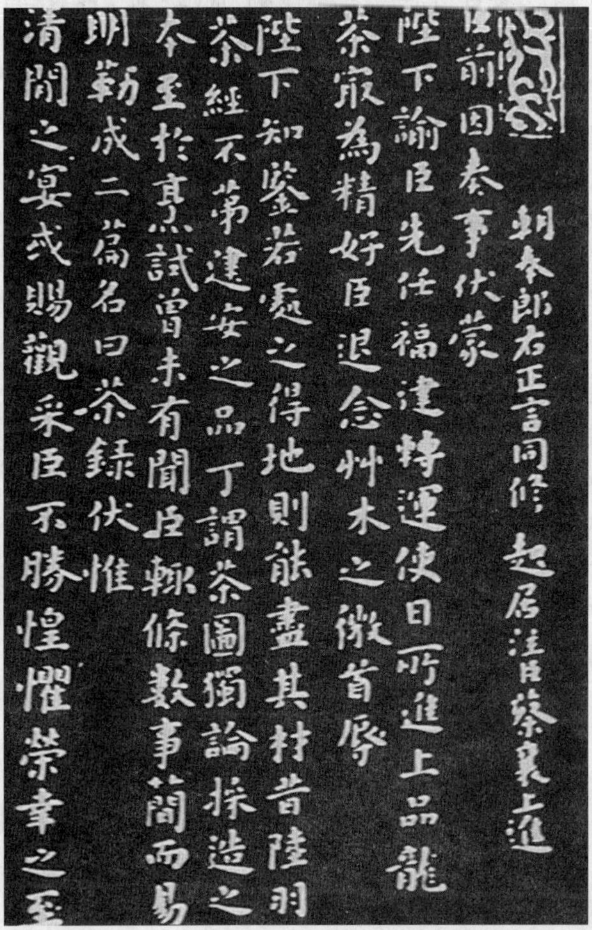
朝奉郎右正言同修起居注臣蔡襄上進
臣前因奏事伏蒙
陛下諭臣先任福建轉運使日所進上品龍
茶最為精好臣退念艸木之微首辱
陛下知鑒若處之得地則能盡其材昔陸羽
茶經不第建安之品丁謂茶圖獨論採造之
本至於烹試曾未有聞臣輒條數事簡而易
明勒成二篇名曰茶錄伏惟
清閒之宴或賜觀采臣不勝惶懼榮幸之至

[图4-7]　宋·蔡襄《茶录》拓本（部分）

蔡忠惠公进小团茶，至为苏文忠所讥，谓与钱思公进姚黄花同失士气。然宋时君臣之际，情意蔼然，犹见于此。且君谟未尝以贡茶干宠，第点缀太平世界一段清事而已。东坡书欧阳公滁州二记，知其不肯书《茶录》。余以苏法书之，为公忏悔。否则蛰龙诗句，几临汤火，有何罪过？凡持论不大远人情可也。

金陵春卿署中，时有以松萝茗相贻者，平平耳。归来山馆得啜尤物，询知为闵汶水所蓄。汶水家在金陵，与余相及，海上之鸥，舞而不下，盖知希为贵，鲜游大人者。昔陆羽以精茗事，为贵人所侮，作《毁茶论》，如汶水者，知其终不作此论矣。

董其昌（1555—1636），字玄宰，号思白，明华亭（今上海市松江）人，万历十六年（1588）进士，官至南京礼部尚书，工书画，为后世所宗。著作有《画禅室随笔》《容台集》等。“容台”是礼部的别称，可见《容台集》是他任礼部尚书时所写。这二则有关茶的文章，内容较为别致，予以译白：

蔡襄（谥忠惠）向皇上进贡精制的小团茶，以至被苏轼（谥文忠）所讥刺。认为贡精茶有似钱思公的向皇上贡牡丹名品“姚黄”，同丧士人气节。但我认为，贡茶之举，足见宋朝君臣之间的关系融洽。而且蔡襄并没有以贡茶求宠，只不过是太平世界的一件雅事而已。苏轼为欧阳修写过滁州二记，蔡襄的《茶录》（图4-7）是肯定不会写的了。现我以苏书笔法，抄写《茶录》，算是为苏公作忏悔吧！否则，像蛰龙（指苏轼自己）一样时运不济的人，所写诗句，屡遭厄运，他自己又有什么罪过呢？文人持论，以不要过于疏远人之常情为好。

南京礼部官署里，往往有人送来松罗香茗。品尝其味，也颇平常。回到老家，喝到好茶。一问，原来是闵汶水所藏之茶。闵汶水住在南京，同我也有交往。海边鸥鸟，择人而下。知交稀少，并不专交达官贵人。唐朝时，陆羽精通茶事，被贵人所侮，几乎要作《毁茶论》。像闵汶水这样清高自重的人，是永远不会要作《毁茶论》的了。

古代政治家，认为做臣下的，应该引导皇帝勤政爱民，不可引导皇帝吃喝玩乐。所以苏轼对蔡襄的进贡小龙团，颇有微词。董其昌则以为蔡襄贡小龙团是君臣相济，不必介意。并以为苏轼过于较真，不能容人，以致被人从诗篇中寻章摘句，指为讪谤朝廷。顿兴大狱，几遭杀身之祸。平心而论，蔡襄职任福建路转运使，进贡团茶，也是职责所在，无可厚非。但徽、钦二帝，身为俘虏，惨死异国，也是朝纲不振的报应。如能早听忠臣之言，历史不也可改写了吗?

董其昌的第二则随笔，也是一番议论。他认为官场馈遣的名茶，往往有名无实。真正的好茶，掌握在民间茶馆的内行人手中。他们不为利禄所动，须是真正好茶懂茶的人，才能成为他们的座上客。《列子》中有个故事：有个爱好海鸥的人，日至海边与鸥鸟嬉戏。后奉父命，欲抓鸥鸟，鸥鸟遂舞而不下。人与鸥鸟的关系，可借喻为好饮茶者与善烹茶者的关系。陆羽为御史大夫李季卿烹茶，临了，李命侍从拿钱给茶博士，把陆看作茶倌伙夫，气得陆羽要写《毁茶论》。闵汶水择人而烹，到闵汶水茶馆中喝茶的像张岱等人，都善待闵汶水。宾主相得，还会写《毁茶论》吗?

# 明　文震亨《长物志·香茗》

香茗之用，其利最溥。物外高隐，坐语道德，可以清心悦神；初阳薄暝，兴味萧骚，可以畅怀舒啸；晴窗拓帖，挥尘麈闲吟，篝灯夜读，可以远辟睡魔；坐雨闭窗，饭余散步，可以遣寂除烦。醉筵醒客，夜雨篷窗，长啸空楼，冰弦戛指，可以佐欢解渴。品之最优者，以沉香、岕茶为首，第焚煮有法，必贞夫贤士，乃能究心耳！

文震亨（1585—1645），字启美，明长洲（苏州）人，为文徵明之曾孙。天启五年（1625）恩贡，任中书舍人。工书、画，山水韵格兼胜。明亡，绝食死，年六十一，后谥节愍。著有《长物志》，“长物”指剩余之物。《世说新语》：王恭从会稽来，王忱去看他，见所坐六尺簟，即道：你东来应有此物，望送一领与我。忱走后，恭即以所坐簟送去，自坐草荐。忱知后惊道：我本以为你有多簟，故讨一领。恭道：“丈人不悉恭，恭作人无长物。”《长物志》分室庐、花木、水石、禽鱼、书画、几榻、器具、位置、衣饰、舟车、蔬果、香茗十二类。名为长物，实属清玩。由于文震亨见闻广博，学识丰富，故所叙收藏、赏识诸法，多受后人称颂。

焚香、品茗，文人韵事。《长物志》二者并叙，但从这篇综述文字看，重茗而略叙香。文震亨认为香茗的功用最广：与高人、隐士（图4-8）谈论道德、文章，有了香茗，可以清心怡神。清末、民初的瓷器茶壶上，往往写有“可以清心”四字。朝阳初临，暮色甫至，兴致萧疏，有了香茗，怀抱舒畅，兀然长啸。古人以放歌长啸为傲然自得，晋阮籍善啸，游苏门山，见一隐者，对之而啸。及还半岭，忽闻山上隐者啸声，如数部鼓吹，林谷传响。天晴对窗响榻法帖（双钩填墨），挥着麈尾闲谈清吟，或者是挑灯夜读，疲倦思睏，有了香茗，可以远避睡魔。与闺中妇女密语谈私，有了香茗，更增情意。因雨闭窗，饭后散

[图4-8]　明·陈洪绶《隐居十六观图册》

[图4-9] 明·万邦治《秋林觅句图》

步（图4–9），有了香茗，可以排遣寂寥，消除烦躁。酒后客醉，可以茶醒客。水路坐船，日夜兼程，蓬窗对语；空楼独住，放声啸歌；佳客操琴，高山流水，有了香茗，可佐欢笑，可解渴吻……香以沉香为最佳，茶以岕茶为第一。不过，焚香、煮茗，均有法度，必须是高人雅士，才能钻研有素，调制得法也！

综述篇文字幽雅，分叙中也每有独到之处。如说“茶寮”，须“构一斗室，相傍山斋，内设茶具。教一童专主茶役，以供长日清谈，寒宵兀坐。”如说“茶盏”：“宣庙（宣德年间）有尖足，料精式雅，质厚难冷，洁白如玉。可试茶色，盏中第一。”他认为，茶果“仅可用榛、松、新笋、鸡点、莲实，不夺（茶之）香味者；他如柑、橙、茉莉、木樨之类，断不可用。”他还认为：“汤（烧水）最恶烟，非炭不可。落叶、竹篠、树梢、松子（果）之类，虽是雅谈（见于前人诗文），实不可用。又如暴炭膏薪，浓烟蔽室，更为茶魔。炭以长兴茶山出者，名金炭，大小最适。用以麸火（麸炭之火）引之，可称炭友。”

文震亨所叙，多是经验之谈，值得后人重视。

# 明　张岱《陶庵梦忆·闵老子茶》

周墨农向余道闵汶水茶不置口。戊寅九月至留都，抵岸，即访闵汶水于桃叶渡。日晡，汶水他出，迟其归，乃婆娑一老。方叙话，遽起曰："杖忘某所。"又去。余曰："今日岂可空去？"迟之又久，汶水返，更定矣。睨余："客尚在耶！客在奚为者？"余曰："慕汶老久，今日不畅饮汶老茶，决不去！"汶水喜，自起当炉。茶旋煮，速如风雨。导至一室，明窗净几，荆溪壶、成、宣窑磁瓯十余种，皆精绝。灯下视茶色，与磁瓯无别，而香气逼人，余叫绝。余问汶水曰："此茶何产？"汶水曰："阆苑茶也。"余再啜之，曰："莫绐余！是阆苑制法，而味不似。"汶水匿笑曰："客知是何产？"余再啜之，曰："何其似罗岕甚也？"汶水吐舌曰："奇，奇！"余问："水何水？"曰："惠泉。"余又曰："莫绐余！惠泉走千里，水劳而圭角不动，何也？"汶水曰："不复敢隐。其取惠水，必淘井，静夜候新泉至，旋汲之。山石磊磊藉瓮底，舟非风则勿行，故水不生磊。即寻常惠水犹逊一头地，况他水耶！"又吐舌曰："奇，奇！"言未毕，汶水去。少顷，持一壶满斟余曰："客啜此。"余曰："香扑烈，味甚浑厚，此春茶耶？向瀹

[图4-10]　明·文嘉《惠山泉》局部

者的是秋采。”汶水大笑曰：“予年七十，精赏鉴者，无客比。”遂定交。

我觉得，唐、宋以来，有关茶文化的诗文甚多，但读后留下最深印象的，要数这一篇张岱的《闵老子茶》。

全文主要写两个人物：一个是在南京开茶馆的闵汶水，年已七十，“老子”是对老年人的一般称呼。还有一个便是作者自己。全文白描、叙事、对话简洁朴实。全文不长，但已把两个人物刻划得十分深刻，入木三分。闵汶水的茶馆很有特色，茶室明窗净几，十分干净。所用茶具，精益求精。壶是荆溪的，荆溪在宜兴县南，以产陶器著名。碗是成化、宣德年间生产的青瓷茶碗（要留到现在，一只也值人民币几百万元了）。以此碗盛茶，灯光下茶和碗相融一色，没有区别。所用茶叶，是道地名茶，春摘秋采，讲究时令。特别是用水，不但选用惠山泉（图4-10），而且要等夜深人静，无人汲取时，将井水淘净，等新水涌至，然后取用。运水过长江，为免震荡时间过久，水会变质，先在贮水瓮底放些净石，再趁顺风扬帆，迅速过江，如法运到南京的惠山泉，要比别家可口得多。

闵汶水的生意经也怪，他不吹嘘自己的茶水，而要顾客自己品尝。他不亟于向一般顾客做生意，甚至要考验顾客的诚意，要测试顾客品茶、品水的水平。而是不同的顾客，不同对待。

张岱是个贵公子，但很有学问，很有修养。特别是品茶品水，有独到之处。他问闵汶水，泡给他喝的是什么茶？闵说是阆苑茶。他说：莫骗我！这茶只是制法像阆苑茶。至于茶味，颇似罗岕。闵汶水一听已被张岱猜中，不禁吐舌称奇。接着，品过水，又泡出一壶茶来。张岱一尝，比上一杯香气更为朴烈，味道更为浑厚，就说：“这壶是罗岕的春茶了，那末上一壶定是秋茶。”汶水大笑，说道：“我活了七十岁，从没碰到过像你这样精于品茶的客人。”两人遂成至交。

的确，品茶品水，能品出产地、出处，可比听琴能听出志在高山、流水困难得多，精微得多。千金易得，知音难求。两人怎能不成莫逆之交呢！

朱元璋定都南京，永乐帝迁都北京。南京号称留都，留有不少中央机构，繁华不减。声色犬马，成为有钱人的销金窝。张岱这个公子哥儿，亦浊亦清，都要作最高级的品尝。他听友人周墨农盛赞闵汶水的茶好，就一定要尝到口。一到南京，就访闵汶水。闵汶水不在铺内，他可以等。好容易等到了，闵汶水又要出去取回拐杖。等到夜深更定，闵汶水见张岱还坐着，问客人干啥？要换到其他公子哥儿，早已一怒而去。可张岱却耐心说：“慕汶老久，今日不畅饮汶老茶，决不去。”有如此耐心、专诚的客人，闵汶水怎能不喜而速煮茶水呢！

张岱与闵汶水的交情，实而不虚。张岱离开南京时，有两人直送到燕子矶。一个是红粉知己、名妓王月生，还是一个便是闵汶水。王月生也是闵老子茶馆的常客，张岱《陶庵梦忆》云：“（王月生）好茶，善闵老子，虽大风雨、大宴会，必至老子家啜茶数壶，始去。”

在明末文人诗文中，也有提到闵汶水茶艺的，但比起张岱此文，实有天壤之别。

# 明　张岱　《陶庵梦忆·斗茶檄》

[图4-11]　明·丁云鹏《卢仝煮茶图》

据张岱《陶庵梦忆·露兄》篇：崇祯六年（1633），山阴（绍兴）有人开了个茶馆，泉用玉带，茶用兰雪，茶具、火候，也很讲究。张岱根据宋米芾“茶甘露有兄”诗句，为取馆名为“露兄”，并写了篇《斗茶檄》：

水淫茶癖，爰有古风；瑞草雪芽，素称越绝。特以烹煮非法，向来葛灶生尘。更兼鉴赏无人，致使羽经积蠹。迩者择有胜地，复举汤盟，水符递自玉泉，茗战争来兰雪。瓜子炒豆，何需瑞草桥边；橘柚查梨，出自仲山圃内。八功德水，无过甘滑香洁清凉；七家常事，不管柴米油盐酱醋。一日何可少此，子猷竹庶可齐名；七碗吃不得了，卢仝茶（图4—11）不算知味。一壶挥麈，用畅清谈；半榻焚香，共期白醉。

全篇四六排比，文字清新，音节铿锵。遣词用典，恰到好处。让我们先来了解一下文中典故：

“水淫”：《南史》，何佟之好洁，一天洗涤十余次，人称“水淫”。此处借指好喝茶水。

“茶癖”：《清异录》何子华悬陆羽像，与客议论；古有马癖、钱癖、誉儿癖、《左传癖》，此老好茶，可称何癖？杨粹仲道，茶虽珍，未离草也，可称甘草癖。

“葛灶生尘”：似指葛洪丹灶，熄而尘生。泛指茶炉熄火。

“羽经积蠹”：陆羽《茶经》，被蠹

消蚀。

“汤盟”：犹言“汤社”。《清异录》：和凝在朝，率同列递日以茶相饮，味劣者有罚，号为“汤社”。

“水符”：记证水源的符牌。

“仲山圃”：周宣王有名臣仲山甫，或属谐音戏借，泛指名园、名圃。

“八功德水”：佛教语。谓西方极乐世界浴池中具有八种功德之水。八种功德为：一甘，二冷，三软，四轻，五清净，六不臭，七不损喉，八不伤腹。

“七家常事”：开门七件事：柴、米、油、盐、酱、醋、茶。

“子猷竹”：晋王徽之，字子猷。爱竹，有空地便命种竹，曰：“何可一日无此君。”

“卢仝茶不算知味”：唐卢仝诗句“七碗吃不得也。”意为：我们的茶教你八碗、九碗吃不厌。

“白醉”：原指酒醉，晋葛洪《抱朴子》：“无赖之子白醉耳热之后，结党合群，游不择类。”此借指饮茶尽量。

全文试予译白：

耽于喝茶，嗜茶成癖，颇有古贤遗风。瑞草、雪芽，是吾浙绝品名茶。由于烹煮不当，赏识乏人，以致茶铺熄火，《茶经》失传。复有仁人志士，选择上好地段，重开茶铺，用水来自玉带泉，用茶选取“兰雪”。佐以瓜子、炒豆，桔柚、山楂、梨头，均属上品。佛教的“八功德水”，哪能比越茶汤的甘滑香洁清凉？开门七件事，我只管茶而不及其他。“何可一日无此君”，茶堪与竹齐名。卢仝茶，最多喝七碗；我们的茶，八碗、九碗，越喝越想喝。一壶在手，可以漫挥麈尾，娓娓清谈。焚香室中，招徕品茶贵客，共至尽欢！

《斗茶檄》，篇名易使人误会是邀请茶友携茶参与比赛的檄文；其实，这是一篇为新开茶铺招徕顾客的文告。由于写得好，令人深信掷地有金石声，读罢留齿颊香。恨吾生也晚，不能至露兄茶铺亲身一尝。

# 明 冒襄《影梅庵忆语》一则

冒襄(1611—1693),字辟疆,号巢民,明江苏如皋人。十岁能赋诗,工书画。家有水绘园,四方名士毕集,文采风流,与方以智、陈贞慧、侯方域号称"明末四公子"。娶金陵名妓董白(字小宛)为妾。董白通诗文,善书画。两人居水绘园艳月楼,鉴赏鼎彝,品评书画(图4-12),颇为相得。董白早卒,冒为作《影梅庵忆语》,极为哀艳。其中,谈到两人嗜茶成性,语甚动人:

姬(指董白)能饮(饮酒),自入吾门,见余量不胜蕉叶(小酒杯),遂罢饮,每晚侍荆人(妻子)数杯而已。而嗜茶与余同性,又同嗜岕片(名茶)。每岁,半塘顾子兼择最精者缄寄,具有片甲蝉翼之异。文火细烟,小鼎长泉,必手自炊涤。余每诵左思《娇女诗》"吹吁对鼎铄"之句,姬为解颐(笑颜)。至沸乳(水开)看蟹目、鱼鳞(水泡形状),传瓷(茶瓯)选月魂、云魄,尤为精绝。每花前月下,静试对尝,碧沉香泛,真如木兰沾霞,瑶草临波,备极卢(仝)、陆(羽)之致。东坡云"分无玉碗捧娥眉",余一生清福,九年占尽,九年折尽矣。

由于冒襄、董白所处正是明末兵荒马乱时代,《影梅庵忆语》有逃难记述,而对董白病殁略而不详,致有人牵强附会:董白被清兵掳去,成为顺治皇帝宠妃。董妃死,顺治哀伤,出家为僧。经学者考证:董白年纪比顺治皇帝大得多,董鄂妃另有其人,顺治也未曾为僧。但现代崇尚"戏说",顺治宠董白,仍有影、视剧目,实属可笑。

[图4-12] 明·仕女品评书画

# 第五编

# 茶诗

# 晋　左思《娇女诗》

古代形容文章写得好，有句成语“洛阳纸贵”。这句成语，就出于左思。左思，字太冲，西晋临淄人。貌陋口讷，但博学能文。司空张华，荐为祭酒，贾谧荐为秘书郎。后归乡里，专事著述。所作《三都赋》，十年始成。三都指蜀都、吴都、魏都，内容翔实，文采风流。一旦写成，京都洛阳，万众传抄，连纸价都贵了起来，所以称“洛阳纸贵”。这一首《娇女诗》，是写女儿的活泼可爱，文作：

[图5-1] 绢画中的少女形像

吾家有娇女，皎皎颇白皙。
小字为纨素，口齿自清历。
其姊字惠芳，面目粲如画。
驰骛翔园林，果下皆生摘。
贪华风雨中，倏忽数百适。
轻妆喜楼边，临镜忘纺绩。
止为茶荈据，吹吁对鼎鑠。
脂腻漫白袖，烟薰染阿锡。
衣被皆重地，难与沉水碧。

《三都赋》写了十年，而这篇《娇女诗》，似乎是意之所至，片刻之间，一挥而就。越不经意，越写得鲜蹦活跳，似在眼前。两个娇女（图5-1），一个叫惠芳，一个叫纨素，皎皎白皙，眉目如画，口齿清楚（与貌陋口讷的爸爸，是鲜明对比，也就尤其爱惜）。晓得临镜着妆，但不肯学习纺织。而是不论晴雨，来回园中，摘果子吃，采花朵玩。看到烹茶，鼓起腮膀，帮着吹风。结果衣袖染上烟尘、油脂，洗也洗不干净了。“阿锡”即“阿缌”，是一种精致的织品。

此诗说明，西晋时已经烹茶，大人要喝，孩子也要喝。故有其独特的文史意义。陆羽摘录进《茶经》，遂得广泛流传。

# 唐 李白《答族侄僧中孚赠玉泉仙人掌茶（有序）》

余闻荆州玉泉寺近清溪诸山。山洞往往有乳窟。窟中多玉泉交流。其中有白蝙蝠。大如鸦。按仙经。蝙蝠一名仙鼠。千岁之后。体白如雪。栖则倒悬。盖饮乳水而长生也。其水边处处有茗草罗生。枝叶如碧玉。唯玉泉真公常采而饮之。年八十余岁，颜色如桃李。而此茗清香滑熟。异于他者。所以能还童振枯。扶人寿也。余游金陵，见宗僧中孚，示余茶数十片。拳然重叠，其状如手，号为仙人掌茶。盖新出乎玉泉之山，旷古未觌，因持之见遗。兼赠诗，要余答之，遂有此作。后之高僧大隐。知仙人掌茶发乎中孚禅子及青莲居士李白也。

[图5-2] 唐·李白画像

常闻玉泉山，山洞多乳窟。仙鼠如白鸦，倒悬清溪月。
茗生此中石，玉泉流不歇。根柯洒芳津，采服润肌骨。
丛老卷绿叶，枝枝相接连。曝成仙人掌，似拍洪崖肩。
举世未见之，其名定谁传。宗英乃禅伯，投赠有佳篇。
清镜烛无盐，顾惭西子妍。朝从有馀兴，长吟播诸天。

李白（701—762）（图5-2），唐陇西成纪人，迁居四川彰明县青莲乡。字太白，号青莲居士。天宝初年，至京都长安，经贺知章等推荐，任翰林院供奉。因得罪权贵，离京游历江湖，纵情诗酒。他的诗歌想象丰富，语言豪放，气势雄伟，极受后世崇拜，被称为“诗仙”。

按我国茶叶的发展史，是从四川往东发展。李白的这一首诗，正可作一明证。所写仙人掌茶，生产在湖北荆州当阳县玉泉山。山洞多石钟乳，称“乳窟”。南朝梁任昉的《述异记》即说：“荆州、清溪秀壁诸山山洞，往往有乳窟。”岩洞多蝙蝠，白化的蝙蝠，被人误会为“千岁”神物。玉泉山产野生茶，被当地玉泉寺和尚真公采而饮之，活到八十多岁，还是“颜色如桃李”。李白有个同族的侄儿，出家为僧，法号中孚。认为玉泉山的茶可使人返老还童，令人增寿。

开元十一年（752），李白于金陵（南京）栖霞寺遇到族侄中孚禅师。中孚将所携玉泉山茶送给李白。由于此茶生长时重叠如掌，故称“仙人掌茶”。并附会传说，把此茶的妙处，说得可以返老还童，神乎其神。李白原是个思想庞杂，包罗佛道的人。可能对中孚的说法，深信不疑。道教讲炼丹，石钟乳是炼丹材料之一。既然蝙蝠饮此乳水能变仙鼠，则茶树吸取乳水也成“仙茶”，何况已有真公喝此茶后变成“童颜”了呢！所以李白的诗说：“根柯洒芳津，采服润肌骨。”还说：“曝成仙人掌，似拍洪崖肩。”唐朝有个张氲，号洪崖，隐居姑射山后成了仙人。但李白说的不是这个“洪崖”，而指上古黄帝的臣子伶伦。伶伦仙号洪崖，晋郭璞的《游仙诗》里就写过：“左挹浮丘袖，右拍洪崖肩。”中孚不但送茶，还送了首诗给李白。中孚的诗我们看不到了，大概出于礼貌，李白说他写得很好。对比之下，我这个丑女，怎比得上你的漂亮呢！这就是“清镜烛无盐，顾惭西子妍”。

李白写了这么篇长诗，还有序言，总的目的是要“后之高僧大隐，知仙掌茶发乎中孚禅子及青莲居士李白也”。可惜得很，仙人掌茶似乎没有闻名于后世。也可能这种野生茶产量太少，实在无法普及的了。

# 唐 元稹《咏茶宝塔诗》

所谓宝塔诗是一种杂体诗，从一字句到七字句（或八字句、九字句），逐句成韵，或叠两句为一韵。每句或每两句字数依次递增，形似宝塔，故名“宝塔诗”。也名“一七体”；变为词牌后，也名“一七令”。

据宋计有功《唐诗纪事》等书，唐大和三年（829），白居易五十八岁，以太子宾客（官职名称）分司东都（洛阳），友人元稹与王起、张籍、刘禹锡、李绅、韦式、令狐楚等至长安兴化亭送别。酒酣，各赋诗，限以一字至七字为句。除第一句外，各二句，共五十五字。白居易首唱，以《诗》为题：

诗。
绮美，瑰奇。
明月夜，落花时。
能助欢笑，亦伤别离。
调清金石怨，吟苦鬼神悲。
天下只应我爱，世间唯有君知。
自从都尉别苏句，便到司空送白辞。

接着，王起、张籍均以《花》为题，刘禹锡以《水》为题，李绅以《月》为题，韦式以《竹》为题，令狐楚以《山》为题，最后，元稹以《茶》为题：

茶。
香叶，嫩芽，
慕诗客，爱僧家。
碾雕白玉，罗织红纱。
铫煎黄蕊色，碗转曲尘花。
夜后邀陪明月，晨前命对朝霞。
洗尽古今人不倦，将至醉后岂堪夸。

元稹（779—831），字微之，唐河南人。元和元年（806），对策举制科第一，任左拾遗。早期反对权贵宦官，但后转而依附宦官，升知制诰，拜同中书门下事，被劾罢。大和中，官武昌节度使，卒。《新唐书·元稹传》：“稹尤长于诗，与白居易名相埒，天下传讽，号元和体。”元稹比白居易少七岁，两人友谊很深，开展了新乐府运动，主张“文章合为时而著，歌诗合为事而作”。即“补察时政”，“伤民病痛”。同时，要求文学要反映现实生活，要有教育作用，即“泄导人情”。还主张内容与形式的统一，“不求宫律高，不务文字奇”，力求语言通俗平易，音节和谐婉转。

元、白的诗，通俗易懂，这两首宝塔诗，也是如此。讲茶；讲茶树上的选用部分；讲茶受到诗客、禅僧的喜爱；讲高级茶具以白玉作碾、红纱为罗；茶铫煮出的茶水，注入碗中，色如黄花，曲折转动；夜晚，可以茶邀明月作陪（图5-3）；朝起，可以茶与朝霞相对；一担挑尽古今愁，一盏涤尽古今倦，令人飘飘欲仙，其功能岂是饮酒所能比拟的吗?

[图5-3]　明·版画《邀陪明月》

# 唐 卢仝《走笔谢孟谏议寄新茶》

日高丈五睡正浓，军将打门惊周公。
口云谏议送书信，白绢斜封三道印。
开缄宛见谏议面，手阅月团三百片。
闻道新年入山里，蛰虫惊动春风起。
天子须尝阳羡茶，百草不敢先开花。
仁风暗结珠琲瓃，先春抽出黄金芽。
摘鲜焙芳旋封裹，至精至好且不奢。
至尊之余合王公，何事便到山人家？
柴门反关无俗客，纱帽笼头自煎吃。
碧云引风吹不断，白花浮光凝碗面。
一碗喉吻润，两碗破孤闷。
三碗搜枯肠，唯有文字五千卷。
四碗发轻汗，平生不平事，尽向毛孔散。
五碗肌骨清，六碗通仙灵。
七碗吃不得也，唯觉两腋习习清风生。
蓬莱山，在何处？玉川子，乘此清风欲归去。
山上群仙司下土，地位清高隔风雨。
安得知百万亿苍生命，堕在颠崖受辛苦。
便为谏议问苍生，到头还得苏息否？

卢仝，唐范阳人，号玉川子，家贫，好读书。初隐少室山，后卜居洛城，破屋数间，一奴，长须，不裹头；一婢，赤脚，老无齿。终日苦吟，邻僧送米接济。朝廷知其清介，两次备礼征为谏议大夫，均不赴任。时韩愈为河南令，爱其品操，敬而待之。会月蚀，卢仝赋诗，讽刺当时窃权的宦官，韩愈称其诗极工。大和九年（835），宰相李训与郑注、王涯、舒元舆等策划诛杀仇士良等掌权宦官，诈称皇宫后园石榴树上有甘露，骗仇等往观。不意被仇发觉伏兵，遂调兵反诛训、注、涯等，族诛十余家，死千余人，史称“甘露之变”。其时，卢仝恰在王涯府中，当场被抓，卢仝道：“我卢山人也，于众无怨，何罪之有？”布衣、白丁、山人，都是平民的称呼，卢仝认为自己不在政治旋涡之内，不受牵连，谁知抓捕者反问道：“既云山人，来宰相宅，容非罪乎？”卢仝仓促不能自辩，遂被杀害。

卢仝的这一首《走笔谢孟谏议寄新茶》（图5-4）写得很好，写送茶来

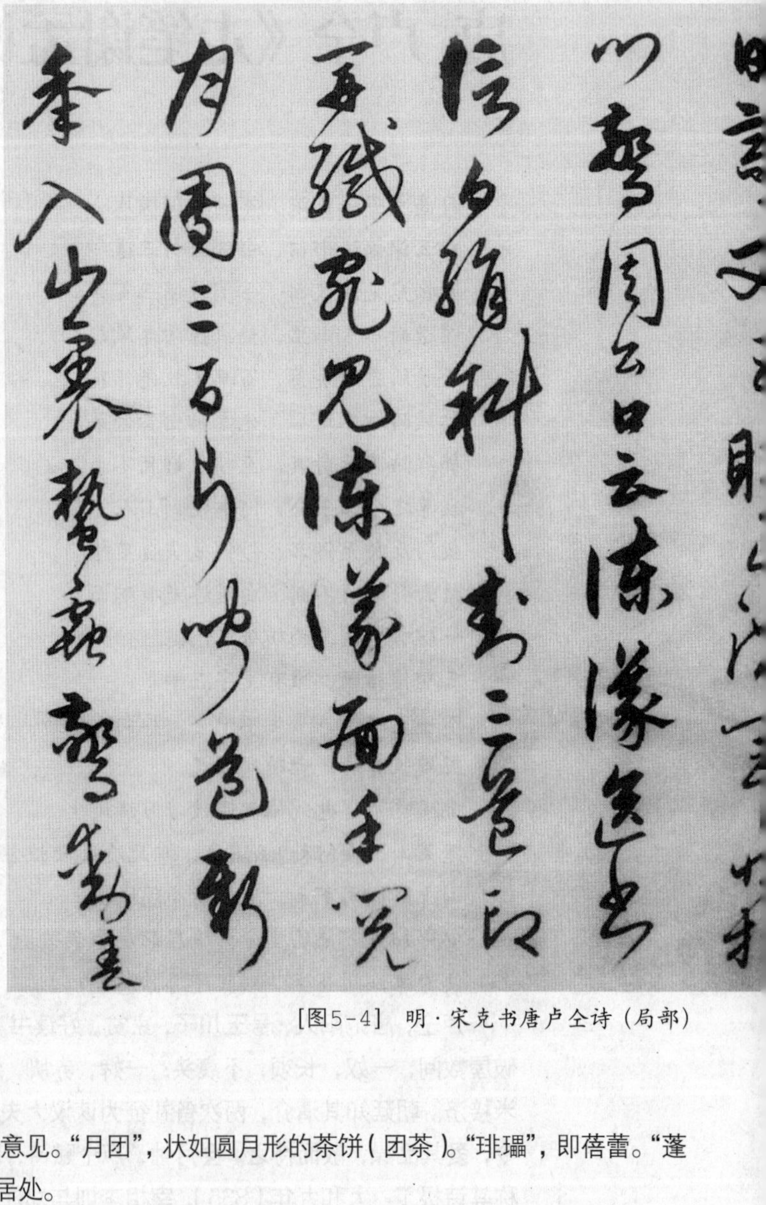

[图5-4]　明·宋克书唐卢仝诗（局部）

的情况，写阳羡茶的可贵，写喝茶的感受，更写名茶的来之不易，茶农的千辛万苦。这是一首有头有尾，起迄完整的好诗。由于写得较长，引用者往往中间割一脔，只用连饮七碗部分。而这一脔的精美，无异于为饮茶做一广告，确乎是前无古人，后也未见来者。正由于这一首诗，使卢仝成为千古茶文化中的佼佼者。有的人称陆羽为“茶圣”，而称卢仝为“亚圣”。正如儒家称孔子为“至圣”，称孟子为“亚圣”。茶之有陆、卢，岂似儒之有孔、孟耶?！

此诗基本上明白易懂，只是有些典故须略加阐述：“惊周公”，孔子仰慕周公，时常梦见。《论语·述而》：“甚矣吾衰也，久矣吾不复梦见周公。”此诗“周公”指睡梦之中。“谏议”，即谏议大夫，官职名称，可向朝廷提出评议意见。“月团”，状如圆月形的茶饼（团茶）。“琲瓃”，即蓓蕾。“蓬莱山”，传说中的海中神仙居处。

有些引此诗的人，往往截去后面六句，其实这六句的思想境界很高。表面问蓬莱山上管理凡间的神仙，知不知茶民受辛苦？实际是说朝廷只要喝高档茶水，不管民间疾苦。末了，他问孟谏议：茶民还得透口气否？诗称“走笔”，很可能是收到所赠茶叶后，很快写出来的答谢之作。

# 宋 范仲淹《和章岷从事斗茶歌》

范仲淹（989—1052）（图5-5），字希文，苏州吴县人，宋大中祥符八年（1015）进士。为秀才时，即曾说："士当先天下之忧而忧，后天下之乐而乐。"以天下为己任。仕至陕西四路安抚使、参知政事。与韩琦率兵同拒西夏。西夏人相戒曰："小范老子胸中有数万甲兵。"遂得边境相安无事。有意改革时政，惜未能行。工诗词散文，有《范文正公集》。

[图5-5] 宋·范仲淹画像

这是一首范仲淹和章岷的诗（图5-6）。章岷，字伯镇，浦城人。进士，工诗。曾与范仲淹一起写诗，章诗先成，范览之，赞道："此诗真可压倒元（稹）、白（居易）矣！""从事"是官职名称。章岷曾任两浙转运使、苏州知州、光禄寺卿等职。

这首诗较长，全文为：

年年春自东南来，建溪先暖冰微开。
溪边奇茗冠天下，武夷仙人从古栽。
新雷昨夜发何处，家家嬉笑穿云去。
露芽错落一番荣，缀玉含珠散嘉树。
终朝采掇未盈襜，唯求精粹不敢贪。
研膏焙乳有雅制，方中圭兮圆中蟾。

北苑将期献天子，林下雄豪先斗美。
鼎磨云外首山铜，瓶携江上中泠水。
黄金碾畔绿尘飞，紫玉瓯心雪涛起。
斗余味兮轻醍醐，斗余香兮薄兰芷。
其间品第胡能欺，十目视而十手指。
胜若登仙不可攀，输同降将无穷耻。
吁嗟天产石上英，论功不愧阶前蓂。
众人之浊我可清，千日之醉我可醒。
屈原试与招魂魄，刘伶却得闻雷霆。
卢仝敢不歌，陆羽须作经。
森然万象中，焉知无茶星。
商山丈人休茹芝，首阳先生休采薇。
长安酒价减千万，成都药市无光辉。
不如仙山一啜好，泠然便欲乘风飞。
君莫羡花间女郎只斗草，赢得珠玑满斗归。

从这首诗里，我们可以看出很多有关北宋采茶、制茶、斗茶、贡茶的史实。雷始闻声，时届惊蛰。茶叶刚露嫩芽，茶民们就纷纷上山采茶去了。为什么时间抓得这么紧？因为，茶叶的制作过程十分复杂。地方官必须赶时间制作好茶饼——龙团、凤团，运送到千里外的京都汴京（开封）去，供皇上在清明节前尝新、祭祖、祀神。

因为是贡品，要求十分严格，只要嫩芽，不许掺杂。茶民们一天采到晚，还采不到一小袋。茶芽集中后，要"研膏烘焙"。据《宋史·食货志》："片茶蒸造，实棬模中串之。唯建、剑二州，既蒸而研，编竹为格，置焙室中，最为精洁，他处不能造。"这种既蒸而研的茶，即称"研膏茶"。又据《宣和北苑贡茶录》："初造研膏，继造腊面。既又制其佳者，号曰京铤。"所谓"腊面"，是指乳泛汤面，与镕蜡相似。所谓"京铤"，似指经过模制的茶饼。即此诗所谓方的要像玉圭，圆的要像月亮。茶饼上的花纹，有龙有凤等等。

章岷的原诗名《斗茶歌》，惜未能见。范仲淹既是和诗，也强调了斗茶。有一点很重要，即在新茶将贡天子之前，茶园里的"雄豪"先要斗茶。我们是否可理解诗里的"斗茶"，实是一种新茶的质量比赛？胜出的将获得一定的"冠名权"，是一件非常荣耀的事情。胜的似"登仙"，输的似"降将"，似斗败的公鸡。

"雄豪"们为了斗茶，选择最好的茶具、最佳的泉水。要把茶饼碾得最细，显出最佳的水痕。要使茶的味道胜过醍醐，香味胜过兰蕙。斗茶是当着众多的行家公开进行的，十目所视，十手所指，无法作弊。

诗的最后，也可能是最精采的地方，作者强调了啜茶的功能，可以清醒头脑，可以增强体魄，可以解醉，可以醒酒。可以众人皆浊我独清，即使喝了"千日醉"的烈酒也能清醒。可使屈原不用招魂，可使刘伶不再沉湎。天上那么多星星，不仅有酒星，肯定也会有茶星。

喝了茶，可使商山四皓不再采服芝草；喝了茶，可使伯夷、叔齐不去首阳山采薇，而去采茶；大家都去喝茶，会使长安酒价骤减千万；大家喝茶强身，会使成都药市顿失光彩；喝了茶，会使人飘飘欲仙。茶叶，胜过了唐尧阶前的仙草蓂荚。这么好的东西，卢仝能不为之作诗歌、陆羽能不为之作《茶经》吗？最后，范仲淹说：不要羡慕姑娘们只知道“斗百草”，须知斗茶能为你赢得财富。

范仲淹的诗写得很好。但是，他没有直接了解过制茶、斗茶活动。他写诗的素材，还不是第一手而是第二手的。据说，他原诗中有两句是：“黄金碾畔绿尘飞，紫玉瓯心翠涛起。”熟知茶事的蔡襄告诉他：“今茶绝品者甚白，翠绿乃下者耳，欲改为‘玉尘飞’、‘素涛起’。”从这幅附图的版本看来，“翠涛起”已改为“雪涛起”，而“绿尘飞”仍未改动。

[图5-6]　《范文正公集》所刊《和章岷从事斗茶歌》

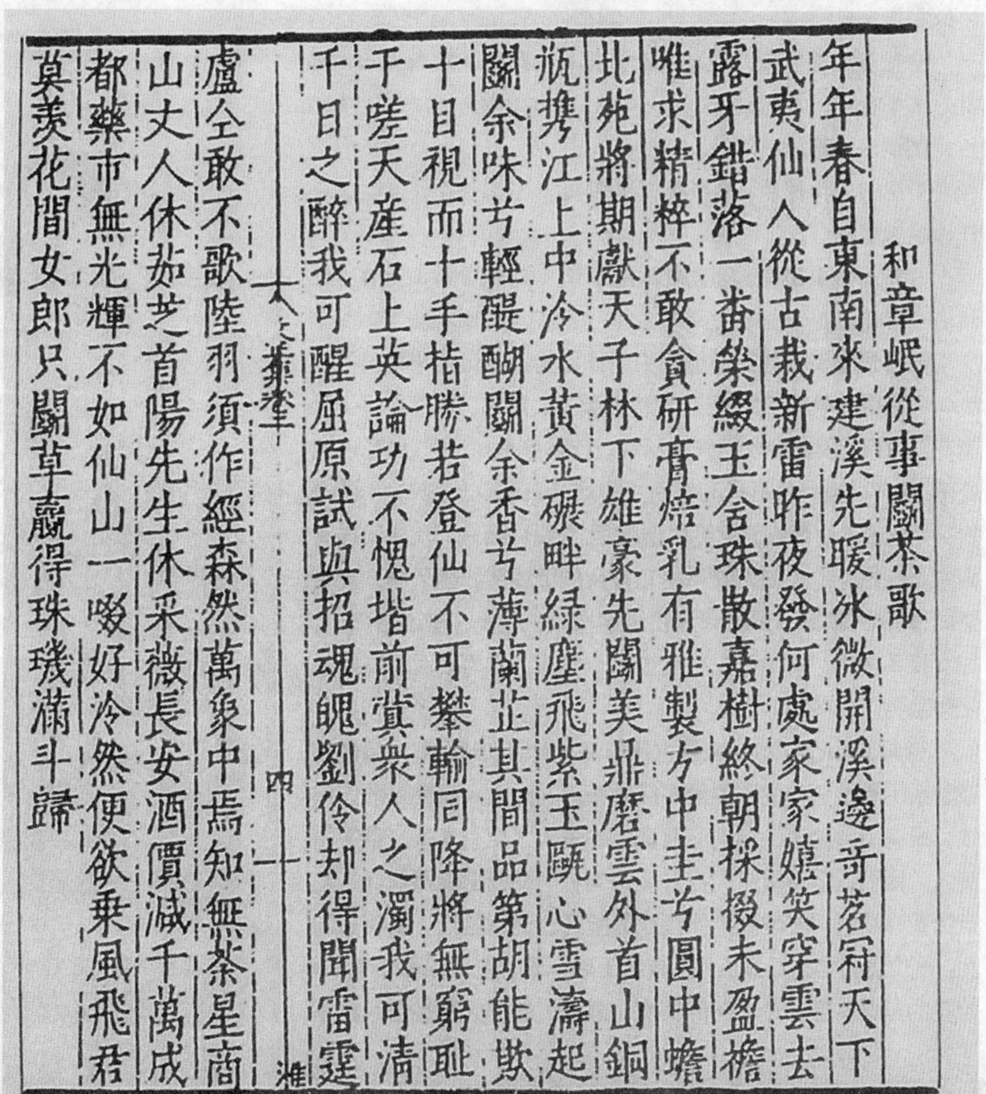
和章岷從事鬭茶歌
年年春自東南來建溪先暖冰微開溪邊奇茗冠天下
武夷仙人從古栽新雷昨夜發何處家家嬉笑穿雲去
露芽錯落一番榮綴玉含珠散嘉樹終朝採掇未盈襜
唯求精粹不敢貪研膏焙乳有雅製方中圭兮圓中蟾
北苑將期獻天子林下雄豪先鬭美鼎磨雲外首山銅
瓶携江上中泠水黃金碾畔綠塵飛紫玉甌心雪濤起
鬭余味兮輕醍醐鬭余香兮薄蘭芷其間品第胡能欺
十目視而十手指勝若登仙不可攀輸同降將無窮恥
于嗟天產石上英論功不愧堦前蓂衆人之濁我可清
千日之醉我可醒屈原試與招魂魄劉伶却得聞雷霆
盧仝敢不歌陸羽須作經森然萬象中焉知無茶星商
山丈人休茹芝首陽先生休采薇長安酒價減千萬成
都藥市無光輝不如仙山一啜好泠然便欲乘風飛君
莫羡花間女郎只鬭草贏得珠璣滿斗歸

# 宋 苏轼《记梦二首》回文诗

所谓“回文诗”，是指既可顺读，又可倒读的诗。有的甚至回还往复，读之皆成诗句，如前秦窦滔妻苏蕙的《璇玑图》。苏轼的《记梦回文二首》，内容写茶，并有叙：

十二月二十五日，大雪始晴，梦人以雪水烹小团茶，使美人歌以饮。余梦中写作回文诗，觉而记其一句云：“乱点馀花唾碧衫。”意用飞燕唾花事也。乃续之为二绝句云：

酡颜玉碗捧纤纤，乱点馀花吐碧衫。歌咽水云凝静院，梦惊松雪落空岩。

空花落尽酒倾缸，日上山融雪涨江。红焙浅瓯新火活，龙团小碾斗晴窗。

倒读这二首诗，即成：

岩空落雪松惊梦，院静凝云水咽歌。衫碧唾花馀点乱，纤纤捧碗玉颜酡。

窗晴斗碾小团龙，活火新瓯浅焙红。江涨雪融山上日，缸倾酒尽落花空。

要弄懂全诗，首在弄懂梦中所作之句“乱点馀花唾碧衫”。此句“意用飞燕唾花故事”。但查遍辞书、韵书，均不见“飞燕唾花”故事。因此，我们只能从叙、诗本身来探讨了。“乱点馀花唾碧衫”，当是从五代南唐后主李煜《一斛珠》词句：“绣床斜凭娇无那，烂嚼红茸，笑向檀郎唾。”脱化而来。李煜词描写闺中正在绣花的少妇，咬下绣花多余的绒线头，嚼了嚼，含笑唾向檀郎。“檀郎”原指晋潘岳小字檀奴，貌美，车出洛阳道，妇女挽手围之，掷果盈车。后遂以“檀郎”作为妇女对夫婿或所爱慕男子的美称。

诗题是《记梦》，梦境是古历年底，大雪初晴，有人请他喝茶，系用雪水烹小龙团的最高级的茶。况由主人命美人歌以侑饮。既有唱歌的美人，则必有奏乐的美人，更有烹茶、奉茶的美人。因而，全诗重点，在开头两句：“酡颜玉碗捧纤纤，乱点馀花唾碧衫。”“酡颜”原指饮酒脸红，泛指脸红。故第一句为：一位美女伸出纤纤玉手，捧着玉碗，奉上茶来。第二句，唾馀花的是谁？当然是上句的美女。那么，被唾的又是谁？当指着碧衫的客人，就是苏东坡自己。当美女背对主人，面对客人时，竟然作出了一个惊人的举动：红着脸笑唾客人。这个“唾”，绝不是唾弃的“唾”，不屑的“唾”；而是“笑向檀郎唾”的“唾”。苏东坡心领神会，默默享受。已是年底，没有花卉的“馀花”。这个“馀花”，当是美女点茶、尝茶时含在口中的“茶花”。即茶碗表面泡沫形成的花纹。陆羽《茶经》称：“如枣花漂漂然于环池之上”，“如菊英堕于樽俎之中”。

综观苏东坡的一生，有时十分风光。科场得意，文章、诗词、书画，受人崇敬，仕途发达。他的《试院煎茶诗》有句“分无玉盌(碗)捧蛾眉”，而《记梦》首句即称“酡颜玉碗捧纤纤”。可见写《记梦》时正是春风得意之时，正是宫女、妾侍，无不识苏学士之时(图5-7)。此诗叙言指明“十二月二十五日”，“雪水烹小龙团”。“小龙团”是茶中至尊，岂凡夫

[图5-7]　明·张路《苏轼回翰林院图》(局部)

小官所能梦见？因此，我想苏东坡是在深宫内院、如海侯门受到礼遇时遭此“唾碧衫”的艳遇的。碍于主人，不便明说，转托为“游仙”、“记梦”，这也是十分可能的。

苏东坡的一生，除了风光，便是受人攻讦、排挤，被捕、入狱，遭撤职、贬谪，直至被流放到海南岛。他在海南岛时，有个老太婆对他说：“内翰昔日富贵，一场春梦！”当地人遂称这一老太婆为“春梦婆”。真要记梦，毕生便是一场春梦！

二首绝句，有了开头之句，“续之”也就不难，解之也就易懂。当然，作为回文诗，也还是比较难的。好在苏东坡写回文诗，也只是牛刀小试而已。第二首倒读“窗暗斗碾小龙团，活火新瓯浅焙红”，十分自然，毫无斧凿痕迹。全诗最关键的两句，回文成“衫碧唾花余点乱，纤纤捧碗玉颜酡”。味之仍不失本意。况且，回文的“馀点乱”似可解为美人唾在碧衫上的星星水点，乱而无序。更可作原解的注脚。

以苏东坡的才智，有比回文诗更佳之作。据宋桑世昌《回文类聚》，宋神宗时，辽国使者到来，命苏东坡为馆伴（使馆陪伴）。辽使自夸能诗，屡诘东坡。东坡道：写诗容易，读诗倒难。遂写一诗作（图5-8），以示辽使。辽使莫明其妙，遂不敢再谈诗。苏东坡的这首诗应依图领会，读作：“长亭短景无人画，老大横拖瘦竹筇。回首断云斜日暮，曲江倒蘸侧山峰。”称为“神智体”。

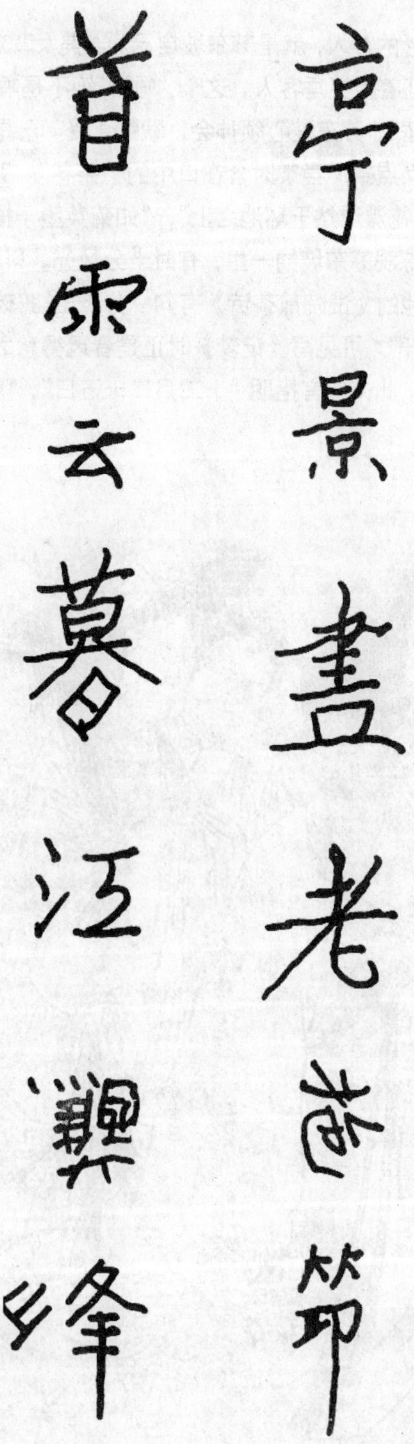

[图5-8]　宋·苏轼神智体诗

# 宋 苏轼《浣溪沙》词

苏轼在翰林院时，有个幕僚喜欢唱歌。苏轼问他："我词比柳（柳永）词如何？"幕僚对道："柳郎中词，只好十七八女孩儿执红牙拍板，唱'杨柳岸，晓风残月'；学士词，须关西大汉执铁板唱'大江东去'。"苏轼为之绝倒（笑倒）。的确，"大江东去，浪淘尽千古风流人物。""乱石崩云，惊涛拍岸，卷起千堆雪。""羽扇纶巾，谈笑间，樯橹灰飞烟灭。"等句，令人读来，气势恢宏，犹似"金戈铁马，气吞万里似虎。"但是，苏轼的诗词面貌是多方面的。有时也有"杨柳岸，晓风残月"的境界。例如，他的《浣溪沙》：

簌簌衣巾落枣花，村南村北响缫车。牛衣古柳卖黄瓜。

酒困路长唯欲睡，日高人渴漫思茶，敲门试问野人家（图5-9）。

此词字数不多，却以白描手法叙出农村景象。《清嘉录·小满动三车》云："小满乍来，蚕妇煮茧治车缫丝，昼夜操作。郊外菜花，至是亦皆结实。取其子，至车坊磨油。"同书《卖时新》云："蔬果鲜鱼诸品，应候迭出，四时不绝于市，而夏初尤盛，号为卖时新。"

[图5-9] 清·佚名田家叩门图

苏轼偷得浮生半日闲，徜徉农村。枣花簌簌落沾衣巾，村南舍北，到处听见农妇缫丝声。而在古柳底下，带了蓑衣，有雨可穿，无雨可铺垫，可能这个卖黄瓜的农民，是把黄瓜摊在蓑衣上的。

上片写作者所见、所闻，下片则纯写作者感受。古人称早上喝酒为"卯酒"。苏轼《答张文潜书》云："此外千万善爱，偶饮卯酒醉，不能复觍缕。"看来，这一天苏轼喝过卯酒，以致路长欲睡，日高人渴。祛睡、解渴靠什么？当然是靠喝茶。身在农村，何处求茶？唯有"敲门试问野人家"了！

此词写得丝丝入扣，是一首写茶的"绝妙好辞"。

# 宋　黄庭坚《满庭芳·咏茶》

黄庭坚（1045—1105），字鲁直，号山谷道人、涪翁，江西分宁人。治平四年（1067）进士，曾任校书郎、实录检讨官等职，工诗文，擅书法（图5-10），与苏轼等友善，被指为“元祐党人”，屡遭贬谪，卒于宜州（今属广西）。著有《山谷词》。此首《满庭芳·咏茶》，全文为：

北苑春风，方圭圆璧，万里惊动京关。粉身碎骨，功合上凌烟。樽俎风流战胜，降春睡、开拓愁边。纤纤捧，研膏溅乳，金缕鹧鸪斑。

相如虽病渴，一觞一咏，宾有群贤。为扶起灯前，醉玉颓山。搜搅胸中

[图5-10]　宋·黄庭坚《松风阁诗卷》（部分）

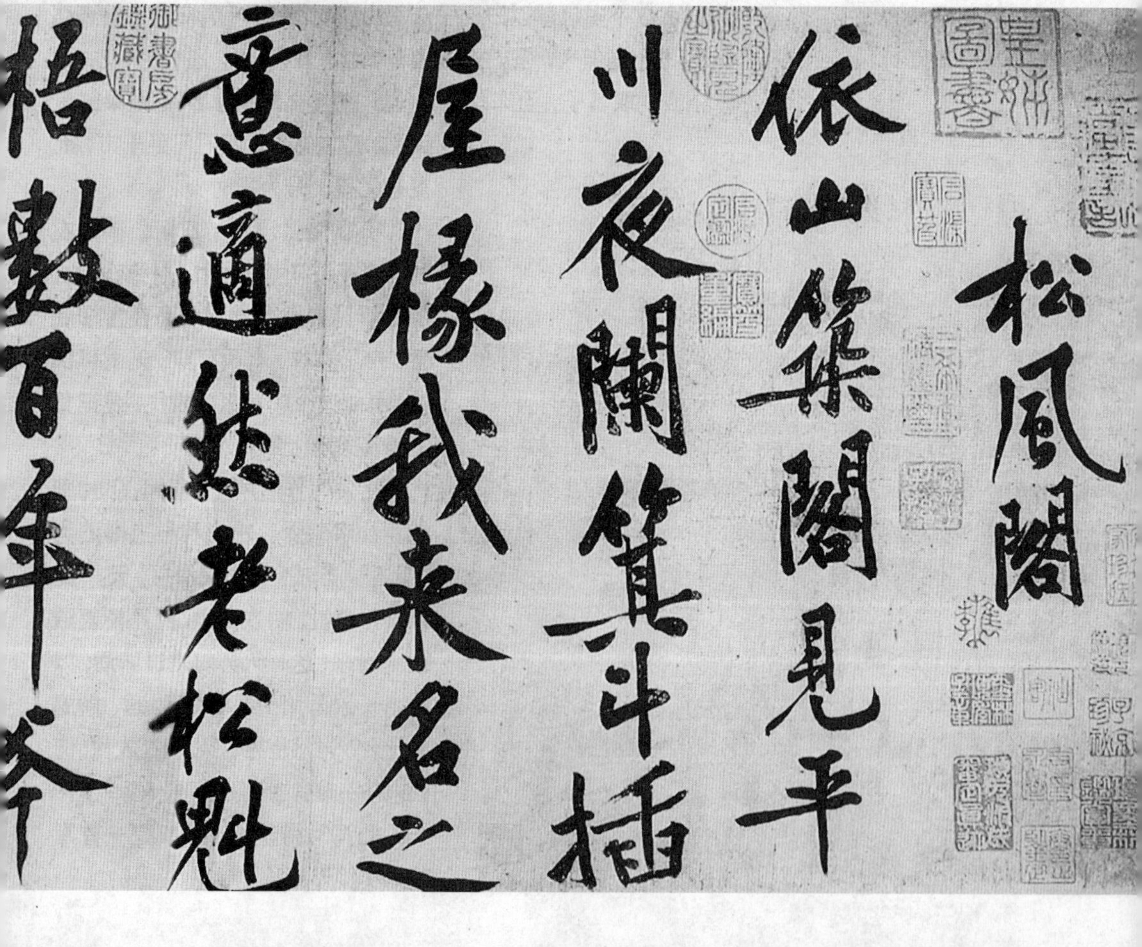

万卷，还倾动，三峡词源。归来晚，文君未寝，相对小窗前。

宋代贡茶，称北苑官焙，地在福建建安（建瓯）。上品茶于惊蛰前三日开始焙制，不出春分，即飞骑驰送京师。当时的茶是饼茶，长方形的有似玉圭，圆形的有似玉璧。故开头三句为："北苑春风，方圭圆璧，万里名动京关。"烹茶时，须先将茶饼杵碎、碾细，过罗。词中把茶拟人化，"碎身粉骨"，为国捐躯，为国争光，他的功劳，应像唐太宗那样，画功臣于凌烟阁。茶有哪 些功劳？"尊俎风流战胜，降睡魔，开拓愁边。"首句倒装，意即能战胜饮酒过量。三句扼要言之，即："茶能醒酒、祛睡、消愁。"

"研膏溅乳"，指烹茶、注茶；"金缕鹧鸪斑"，指精美茶具。"鹧鸪斑"是当时福建特制的一种茶碗，上面有形似鹧鸪斑点的花纹。烹茶、注茶、乃至捧出茶来，有赖美女的纤纤玉手。

下片讲会茶、品茶、套用王羲之《兰亭序》的群贤毕至，一觞一咏。复以酒醉借喻茶酣。用卢仝《走笔谢孟谏议寄新茶》诗句："三碗搜枯肠，唯有文字五千卷。"写"搜搅胸中万卷"。用杜甫《醉歌行》："词源倒流三峡水"，写"还倾动，三峡词源。"

全词没有写"我"，也没有写"主人"，而是以司马相如、卓文君的故事贯穿起来。全词没有写"茶"字，而又无一句不在写茶。用典恰当，行笔流畅，这些都是此词的高明之处。

# 明 韩邦奇《富春谣》

[图5-11] 明·沈周《富春江图》

孔夫子曾说:“苛政猛于虎。”唐柳宗元《捕蛇者说》,也指出苛政猛于毒蛇。

产茶出了名,成了贡品。朝廷胃口越来越大,贡品数量不断加码。加来加去,都加到百姓头上。官吏只会上下其手,从中盘剥。百姓喊爹喊娘,苦不堪言。其可怕程度,真有甚于毒蛇、猛虎者。历代文人,对贡茶害民,也有反映于诗文者,但多不够深刻。据明谈迁《枣林杂俎》,有首《富春谣》,对贡茶扰民,民心痛彻,反映得十分深刻。又据明万历年间《富春志》载,这首歌谣系正德年间佥事韩邦奇所作。

韩邦奇,载《中国人名大辞典》:明朝人,字汝节,号苑洛。正德进士,任吏部员外郎。因逢地震疏论时政得失,被贬职任平阳通判。后升任浙江按察佥事。逢太监至富阳贡茶、鱼,颇为民害,作歌谣哀民。被人告发为“怨谤”,革职逮捕入狱。后释出,任山西参议。屡起屡罢,终以南京兵部尚书退休。韩邦奇刚直有节操,且学问渊博,经史子集、天文地理、乐律、术数兵法,无不通晓,著作较多。

《富春谣》明白易懂,全文为:

富阳江(即富春江)(图5-11)之鱼(鲥鱼),富阳山之茶,

鱼肥卖我子,茶香破我家。

采茶妇,捕鱼夫,官夫拷掠无完肤。

昊天(苍天)何不仁?此地亦何辜?

鱼胡不生别县,茶胡不产别都?

富阳山,何日摧(垮坍)?富阳水,何日枯?

山摧茶亦死,江枯鱼始无!

于戏(呜呼)!山难摧,江难枯,

我民不可苏。

# 第六编

# 茶字

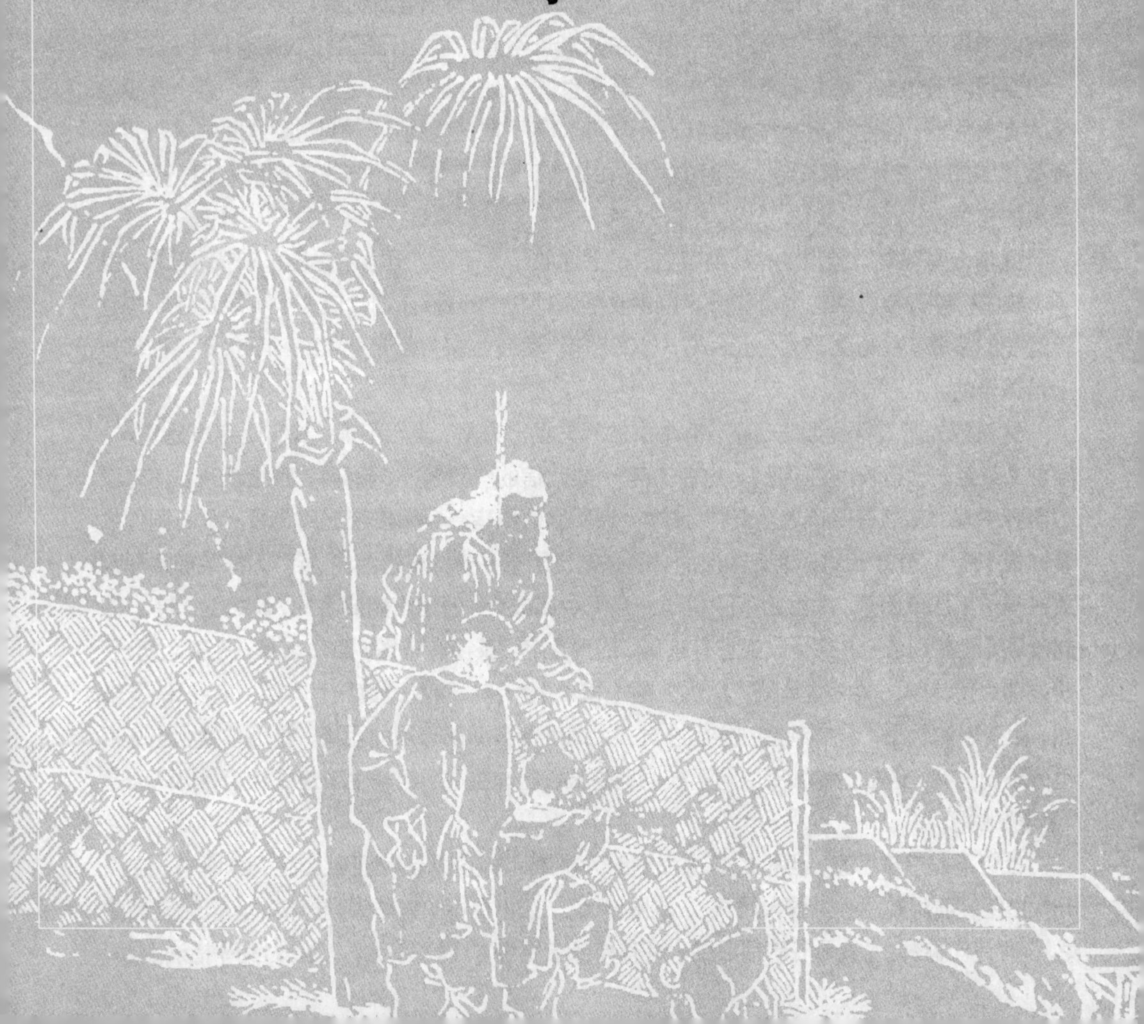

# 宋 杜衍《珍果帖》

所书（图6-1）释文为：

更蒙宠惠珍果新荈，此奇品也，只是荔子道中暑雨，悉多损坏，至可惜。五六千里地，不易至此，为感固可知也。别无奇物表意，早收到蜀中绝妙经白表纸四轴寄上，聊助辞翰。至微深愧。衍又拜。新茗有四銙者至奇，近年不曾有，珍荷！

杜衍（978—1057），字世昌，北宋越州山阴（浙江绍兴）人，少贫困，笃于学，考中进士，历知外郡，为官清正。宋仁宗召为御史中丞，与富弼、韩琦、范仲淹共事，欲尽革众弊，整顿吏治，拜同平章事（职同宰相），受小人攻击，为相仅百日而罢。年老致仕（退休），封祁国公，卒谥正献。

杜衍自奉节俭，除了请客，不吃羊肉。执政时，朝官要求有所优厚，多不准，退还原奏。朝官改求皇帝，皇帝说："朕无不可，但这白须老子不肯。"罢相归里后，衣帽有似平民百姓。一日至河南府做客，刚好府尹出衙未归，皂隶也认不到他是故相，遂坐于末座。有个年少气盛的官员后至，怪他不起来作揖致礼，大声问："足下前任甚处？" 杜衍道："同中书门下平章事。"宋朝的官称时常变动，当时的"同中书门下平章事"，即相当于汉朝的宰相，是朝中最大的官位。

此信未写明是写给谁的，从内容看，是感谢收信人不远"五六千里"送来"新茗"、"荔子（枝）"；并说自己回送蜀产佳纸，以供收信人挥写"辞翰"。则收信人很可能是任职福建转运使的蔡襄。杜衍生卒为公元978—1057年；蔡襄生卒为公元1012—1067年，在年岁上是适当的。

这封信的第二行倒数第二字，有本书的释文画一方框，表示不识。其实此字当是"荈"，陆羽《茶经》已指茶也名"茗"，也名"荈"。故此信的"新茗"、"新荈"，都指新茶。信末以小字行书写"新茗有四銙者至奇"。这个"銙"字，原指唐、宋皮带上用金属、玉石制作的装饰板（版）。有方形的，也有圆形的。后来制造团茶，模仿皮带上的"銙"，把茶加赋形剂放在模子里压成团茶。尽管团茶除模子外毫无金属成分，但仍沿用旧名称，称之为"銙"。宋赵汝砺《北苑别录·造茶》："茶堂有东局、西局之名，茶銙有东作、西作之号。凡茶之初出，研盆荡之使其匀，揉之欲其腻，然后入圈（模子）制銙，随笪过黄。有方銙、有花銙。"当然，团茶中的贡品，分批制造，分批进贡，头纲供皇家清明节用的团茶，极为珍贵，连宰相也分不到一銙。送杜衍的团茶，与荔枝同时送出，已非绝品，但毕生节俭的杜衍，仍认为是"至奇"的了。

杜衍不以书法名家，但他的草书受到时人推崇。如苏轼云："正献公晚乃学草书，遂乃一代之绝，清闲妙丽，得晋人风气。"欧阳修云："公（杜衍）笔法为世楷模，人人皆宝而藏之。"有诗句称赞："书无俗韵精而劲，笔有神锋志更奇。"魏了翁云："公（杜衍）楷法端劲，如其为人，暮年始学草书，而欧、蔡、苏、黄诸公皆盛许之，岂非大本先立，则纵横造次无往不合邪！”

[图6-1] 宋·杜衍《珍果帖》(局部)

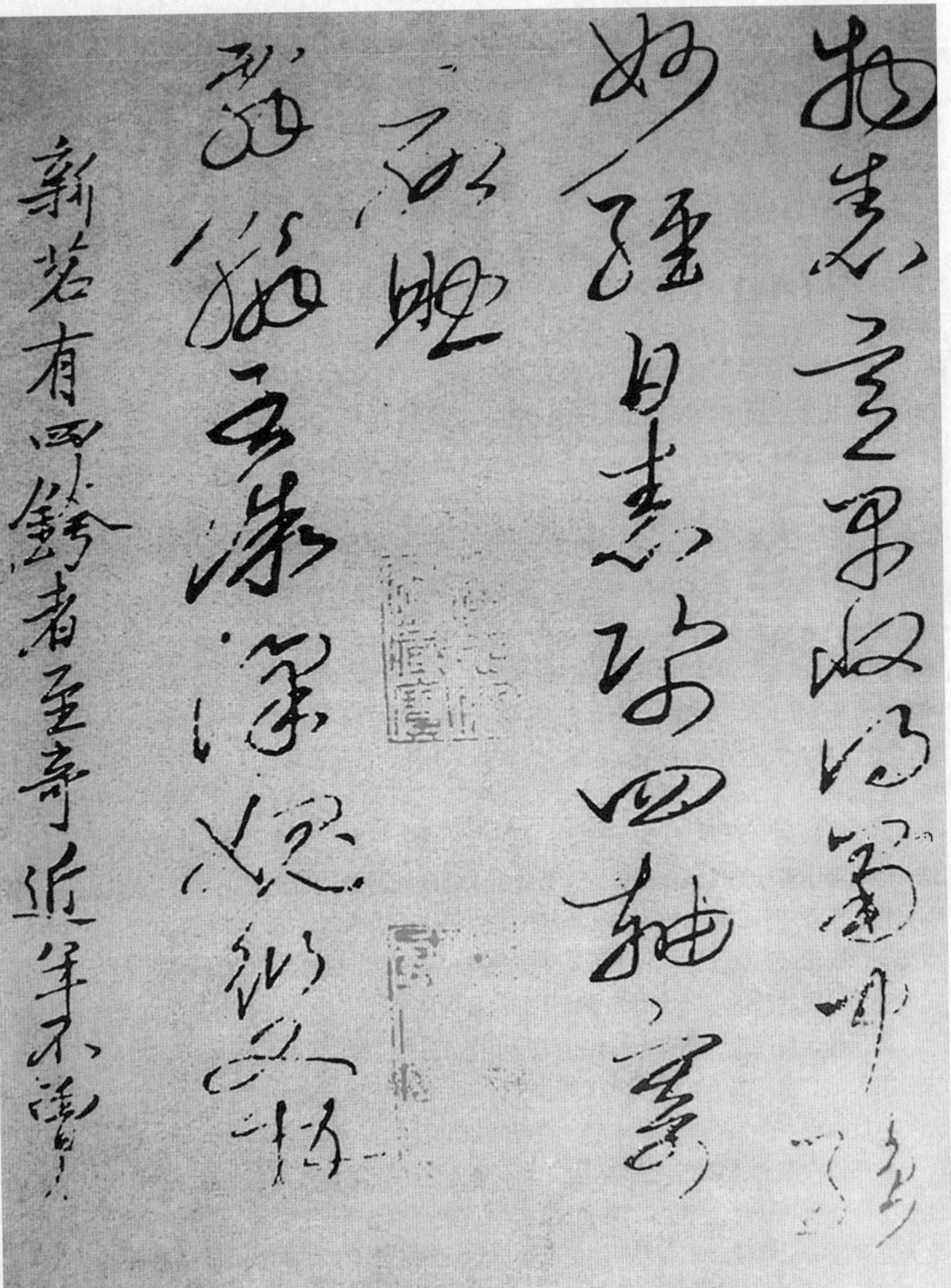

# 宋 欧阳修《集古录跋尾》一则

欧阳修（1007—1072），字永叔，号醉翁，晚号六一居士，吉州庐陵（江西吉安）人，文名重天下，为“唐、宋八大家”之一。官至参知政事（副相）。立论谠直，反对谶纬，抨击佛老，致以讥刺大臣罪，贬谪为地方官。闲僻无事，收集大量金文、碑帖。历时十八年，编成《集古录》十卷。自称搜集范围“上自周穆，下更秦、汉、隋、唐、五代，名山大泽，穷崖绝谷，荒林破冢，莫不皆有”。每文皆加跋尾，共四百余篇，颇多考证。台北故宫博物院藏有欧阳修书跋尾四则。其中一则（图6-2）为：

右陆文学传。题云自传，而曰名羽，字鸿渐。或云：名鸿渐，字羽。未知孰是？然则岂其自传也？茶载前史，自魏晋以来有之。而后世言茶者，必本鸿渐，盖为茶著书，自羽始也。至今俚俗卖茶肆中多置一瓷偶人。云是陆鸿渐。至饮茶客稀，则以茶沃此偶人，祝其利市。其以茶自名久已。而此传载羽所著书颇多。云《君臣契》三卷、《源解》三十卷、《江表四姓谱》十卷、《南北人物志》十卷、《吴兴历官记》三卷、《湖州刺史记》一卷、《茶经》三卷、《占梦》三卷，岂止《茶经》而已也。然他书皆不传，独《茶经》著于世尔！

从这则跋尾可以看出，对于陆羽的历史，北宋时已搞不大清楚，他的著作多已失传。倒是民间，茶肆多供瓷制陆羽像，把陆羽当作饮茶业的开山祖、吉祥神。糟糕的是，茶肆老板或老板娘对陆羽像要求太高，一定要保佑他们生意兴隆；要不然，就夹头夹脑浇上滚烫的茶汤。陆羽有知于地下，也要大喊冤枉了。

欧阳修传世手迹，还有十一件，都是小楷。苏轼《跋欧阳文忠公书》云：“欧阳文忠公用尖笔干墨作方阔字，神采秀发，膏润无穷。后人观之，如见其清眸丰颊，进趋裕如也。”

欧阳修很谦逊，认为自己的字始终写不好，没有写字的天分。他在给梅圣俞的一封信里说：“某亦厌书字，因思学书各有分限，殆天之禀赋……君谟言学书最乐，又锐意为之。写来写去，转不如旧日。似逆风行船，著尽气力，不能少进……乃知古今好笔迹，真可贵重也。”

其实，他晚年的字确比早年好。可见他听蔡襄的话，是努力学过写字的。试看这一幅《陆文学传跋尾》，写得很有法度，可谓一笔不苟。小楷贵能一个个独立欣赏，而他的字即使放大，也个个挺立、遒劲。短短一篇文字，有十个“茶”字，每个都写得很好，把他放大了，足可作茶店招牌字。

[图6-2]　宋·欧阳修《集古录·跋尾》

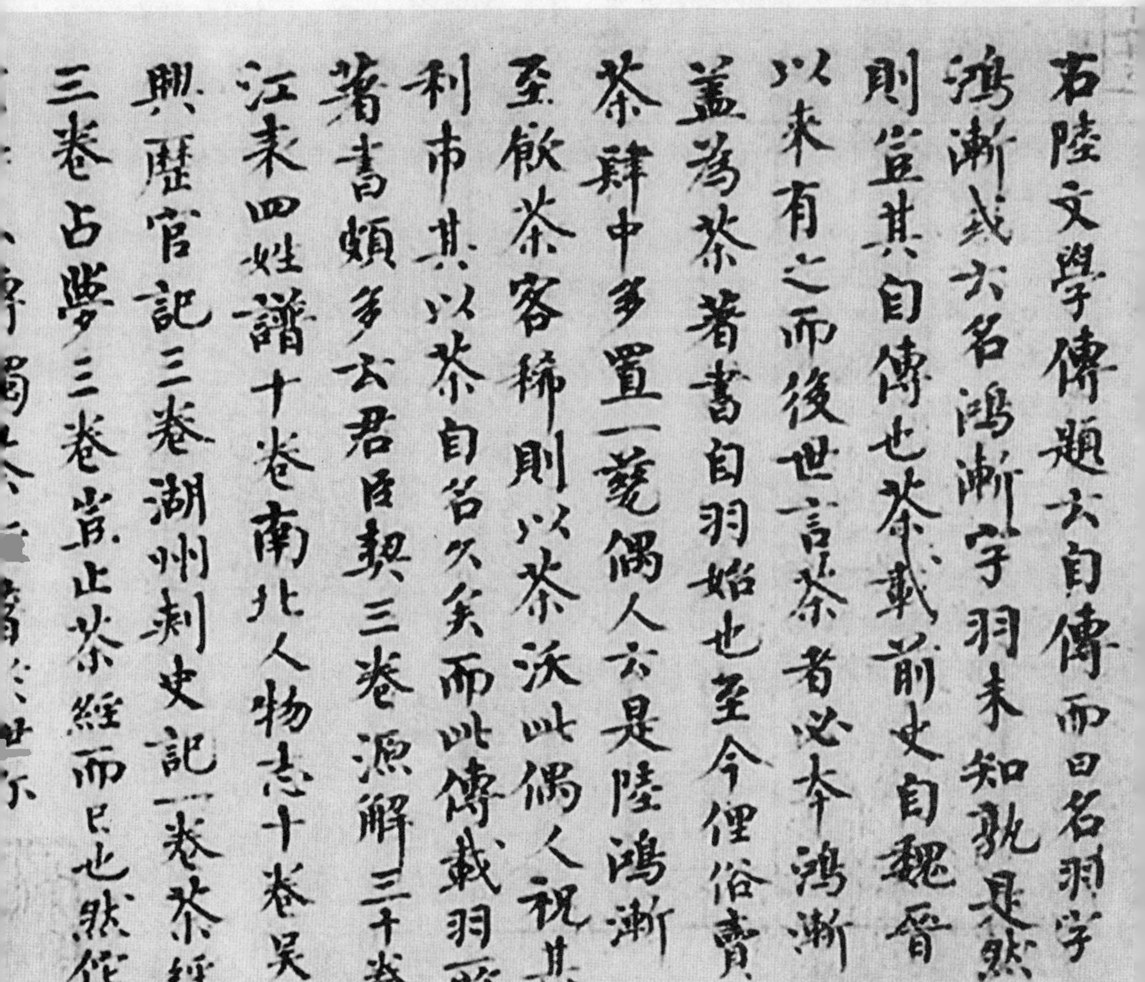
右陸文學傳題云自傳而曰名羽字
鴻漸或云名鴻漸字羽未知孰是然
則豈其自傳也茶載前史自魏晉
以來有之而後世言茶者必本鴻漸
蓋為茶著書自羽始也至今俚俗賣
茶肆中多置一甆偶人云是陸鴻漸
至飲茶客稀則以茶沃此偶人祝其
利市其以茶自名久矣而此傳載羽所
著書頗多云君臣契三卷源解三十卷
江表四姓譜十卷南北人物志十卷吳
興歷官記三卷湖州刺史記一卷茶經
三卷占夢三卷豈止茶經而已也然佗

# 宋 蔡襄《即惠山泉煮茶帖》

释文为：

此泉何以珍，适与真茶遇。在物两称绝，于予独得趣。鲜香箸下云，甘滑杯中露。当能变俗骨，岂特湔尘虑。昼静清风生，飘萧入庭树。中含古人意，来者庶冥悟。

这是一首七言古诗（图6–3），也可说是七言排律。因为除首尾四句外，中间的四联基本上是对仗的。题为惠山泉煮茶，所谓“即”是“即席”、“即景”的意思。开头即称“此泉”，可见是对景而写。惠山泉为什么会如此出名？是因为用来烹煮上好茶叶，能够成为最佳的茶汤。作者没有点出用的是什么茶，但说水绝茶也绝，能使我这个深懂茶道的人，得到很好的享受。接着，连写四句来赞美惠山泉，可说是全诗的精华。烹煮出来的茶，以箸拨之，如云似雾，鲜香扑鼻。啜而尝之，如饮甘露，齿颊生香。如此美妙的茶汤，不用说可以洗涤尘世愁苦，更可以换去凡胎俗骨，成仙成佛。接后四句，写环境之幽美，于此饮茶，不但可以与古代茶圣、茶仙意即神会，更可使后之来者有所领会，有所感悟。

诗很好，字也写得很好。落笔很潇洒，不做作，不求工，而能结构严谨，神采奕奕，令人一见便是大家风范。此帖见于蔡襄《自书诗卷》。全卷除此诗外，还有《杭州临平精严寺西轩》等十首诗。

[图6–3] 宋·蔡襄《惠山泉煮茶》

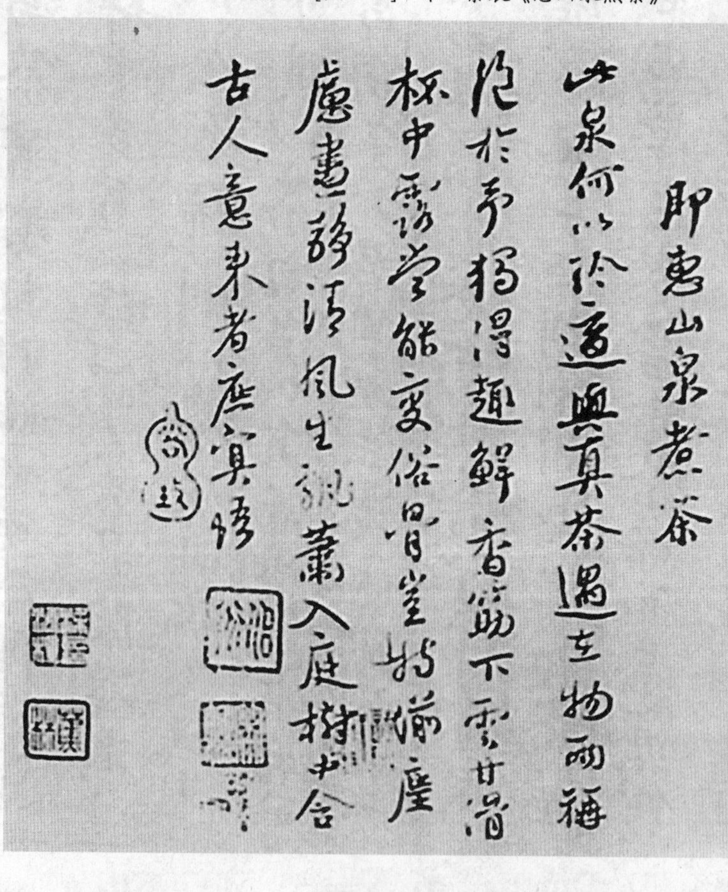

# 宋 蔡襄《思咏帖》

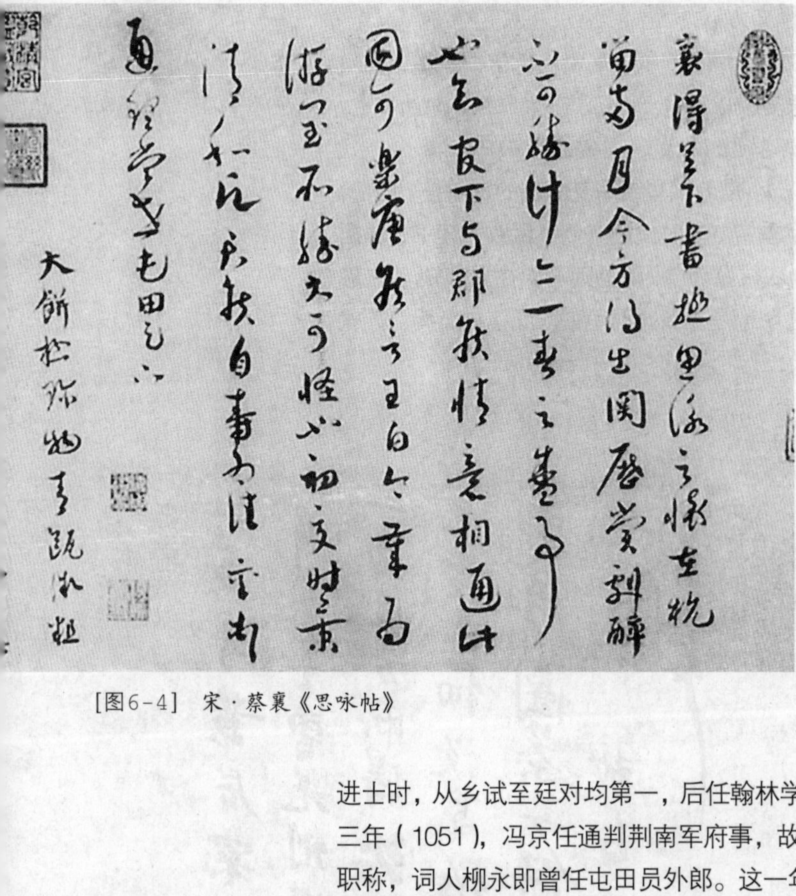

[图6-4] 宋·蔡襄《思咏帖》

所书（图6-4）释文为：

襄得足下书，极思咏之怀。在杭留两月，今方得出关，历赏剧醉，不可胜计，亦一春之盛事也。知官下与郡侯情意相通，此固可乐。唐侯言："王白今岁为游闰所胜，大可怪也。初夏时景清和，愿君侯自寿为佳。襄顿首。通理当世屯田足下。大饼极珍物，青瓯微粗。临行匆匆致意，不周悉。

这封信写给"通理当世"，"当世"即冯京，字当世，江夏人，考中进士时，从乡试至廷对均第一，后任翰林学士。蔡襄写此信是在皇祐三年（1051），冯京任通判荆南军府事，故称"通理"。"屯田"也是职称，词人柳永即曾任屯田员外郎。这一年，两人在杭州相遇，"历赏剧醉"，很值得回忆。

这封信提到了二件有关饮茶的事。其一，"唐侯"经专家考证是唐询。蔡襄曾任福建路转运使，而唐询则是蔡襄写这封信时正任福建转运使。北宋以建茶最有名，而负责征集贡茶的则是福建转运使。信中称"唐侯言：王白今年为游闰所胜，大可怪也。"很可能指当时的斗茶情况。平时，大家看好的是"王白"，不意今年斗茶结果，胜利的是"游闰"，所以说"大可怪也"。其二，末两行所写"大饼"，是指丁谓所创茶饼"龙团"，八饼一斤。当然，"大饼"之中，质量有所区别，蔡襄所造，是"极珍"之品。还有"青瓯"，指当时越窑青瓷茶瓯，质量微粗。"临行匆匆致意"，是聊具薄礼的意思。

# 宋 苏轼《一夜帖》

《一夜帖》(图6–5)释文为：

一夜寻黄居宷《龙》不获，方悟半月前是曹光州借去摹拓，更须一两月方取得。恐王君疑是翻悔，且告子细说与：才取得，即纳去也。却寄团茶一饼与之，旌其好事也。轼白，季常。廿三日。

此帖又名《致季常书帖》。是苏轼写给朋友陈慥的一封信。陈慥，青神(四川青神县)人，字季常。少时使酒好剑，后致力读书，移居湖北。苏轼贬至黄州，曾六次往见陈慥，陈慥则七次往见苏轼。《东坡集》有致陈慥信十六封，注明都是在黄州时写的。此信内容为：苏轼

[图6-5] 宋·苏轼《一夜帖》

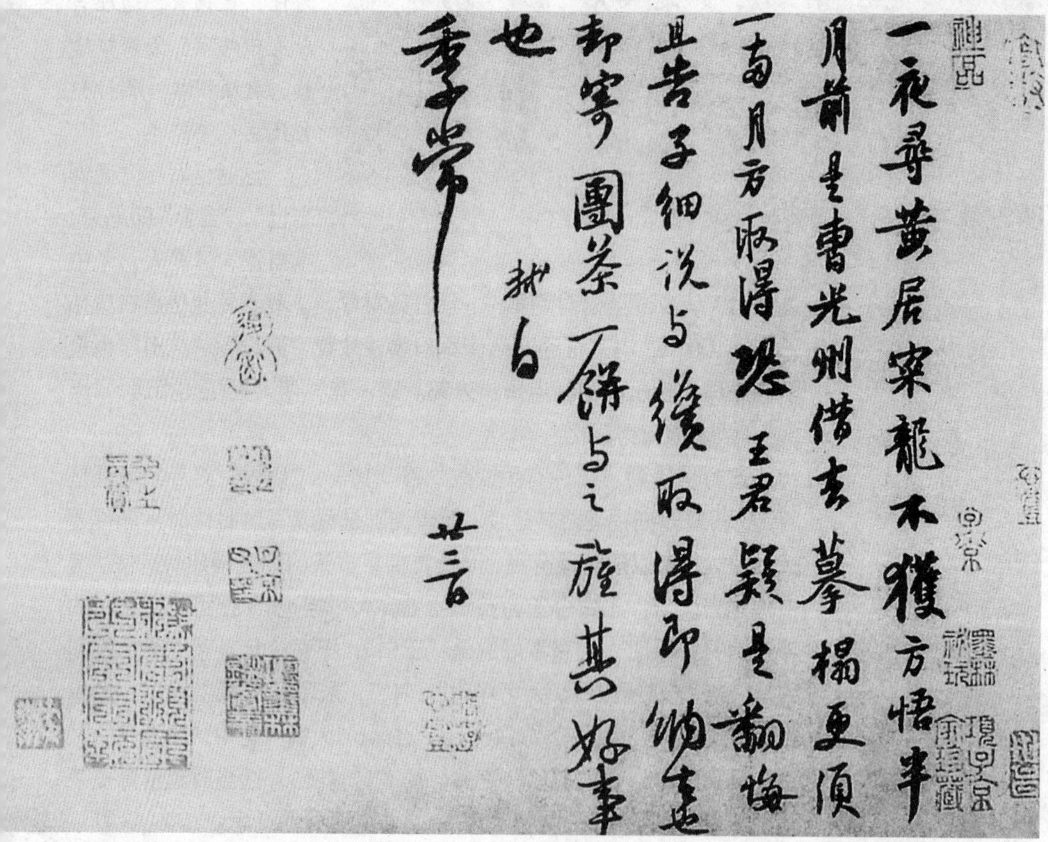

藏有一幅五代大画家黄居寀画的龙，有个姓王的朋友向他借。他答应了，回家找不到。这才想起半个月前已被另一友人曹光州借去摹拓了，需要过一两个月才能归还。这个“王君”可能是陈慥介绍认识的朋友，苏轼唯恐他误会自己翻悔，不肯借给他，所以要陈慥把情况向“王君”仔细说清楚。只要曹光州还来，马上可以借给“王君”。为了征信，苏轼特地附去团茶一饼，要陈慥转送“王君”，表彰他的爱好书画。古人说的“好事”，与今人有所不同，是爱好某种事业的意思。如唐张彦远《历代名画记》称：“非好事者不可妄传书画。”

苏轼书法，早年从学王羲之、王献之父子入手，中年后学颜真卿、杨凝式等，而后自成一体，体势宽博，媚中带骨。用笔丰腴跌宕，而又隽秀端庄，深有飘逸潇洒之趣。他的书法，学古人而不泥古，重神韵而不求貌似。他自己说：“吾书虽不甚佳，然自出新意，不践古人，是一快也。”宋人论书，苏、黄、米、蔡，把苏轼放在第一。黄庭坚就说过：“本朝论书，自当推（苏轼）为第一。”这幅《一夜帖》，是苏轼传世作品中的精品，信手而写，自然流畅。而且越写越放开，末行“季常”二字，比开首大一倍以上，更加淋漓尽致。

这封信札说到借名画，说到送团茶，都是文人逸事。与茶文化有关系。但使后人更感兴趣的是，这个收信人陈季常，成为怕老婆的“老祖宗”，他的老婆柳氏，成为悍妇的总代表。而这一切又都是苏轼闹出来的。原来，陈季常之妻柳氏，性妒而泼。丈夫宴客，召歌女侑酒。柳氏听到歌声，就以拐杖敲击板壁，吓得客人一哄而散。苏轼写诗有句：“忽闻河东狮子吼，拄杖落手心茫然。”“河东”是柳姓的郡望，“狮子吼 ”是佛教语，原意指菩萨说法时震慑一切外道邪说的神威。后世遂称怕老婆为“季常之惧”，称妻子发威为“河东狮子吼”。乃至戏剧、电影，演绎其事，越说越搞笑，越说越离谱。我曾看到过一册古本《狮吼记》，说柳氏唯恐季常接近其他女人，每日午睡，要用绳子一头吊住季常手腕，一头自己拉着。季常与女巫设计，一日柳氏午睡醒来，一拉绳子，竟拉进一头羊。柳氏大惊，请来女巫，女巫装神弄怪，说是季常祖宗，怨柳氏无子，又不让季常娶妾，使之无后，故予变羊。柳氏无奈，答应娶妾。一日，季常欲至妾房，柳氏不让。季常即手足扑地，“咩咩”羊叫，柳氏吓坏，忙说：“快去！快去！”

# 宋 苏轼《啜茶帖》

《啜茶帖》(图6-6)释文为:

道源无事,只今可能枉顾啜茶否?有少事须至面白。孟坚必已好安也。轼上。恕草草。

这是一封苏轼于元丰三年(1080)写给友人刘道源的便函。内容是请刘道源今天到我家喝茶,有些事情要当面告诉你。便函还提到孟坚想必安好?最后请他原谅此信写得草草不恭。

刘道源即刘采。史迹不详。

元丰二年,苏轼在湖州知州任内,被人进谗,以诗文讪谤朝廷罪逮捕至京,几遭不测。经人营救,释出,贬任湖北黄州团练副使。元丰三年二月到达黄州,生活十分艰苦。古人云:"祸从口出。"又云:"口说无凭。"但白纸黑字,就是铁证如山。苏轼吃足了白纸黑字的苦头,家属、朋友,都劝说他不要乱写了。所以苏轼也学了乖,有些不宜明写而可面商的东西,只有约人面谈了。面谈总得说个原委,那就是请人喝茶。此帖,真可叫是"请人喝茶帖"。

此帖字数不多,但写得很好。用墨厚重,骨力健挺,实是不可多得的书法精品。

[图6-6] 宋·苏轼《啜茶帖》

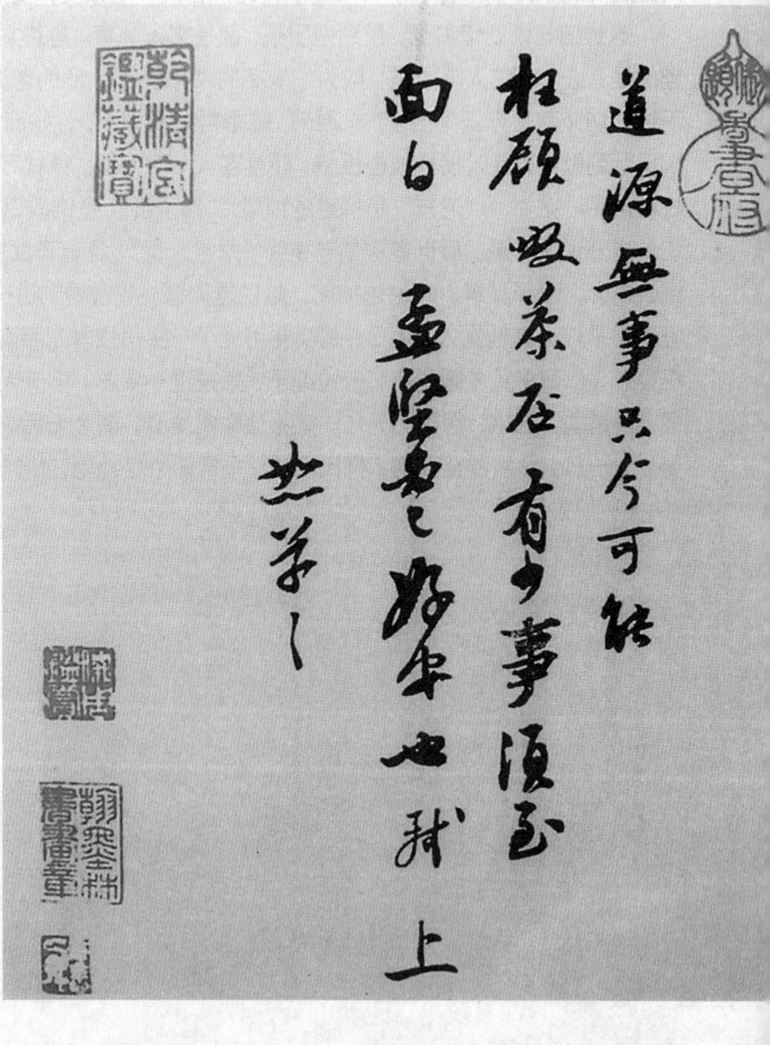

# 清 傅山 《酒阵茶枪诗轴》

傅山（1607—1684年），字青主、号公之它、朱衣道人、啬庐等。山西阳曲（今属太原）人，读书勤奋，成绩突出，在晋阳三立书院中，居三百人之首。对晋、唐各家法书，无所不临。真、草、篆、隶，无不精妙。时人评其字，放而不散，奇而不怪，流畅而不轻滑，刚劲而不精陋。他提出书乃"心画"，"作字先作人，人奇字自古"。主张："宁拙毋巧，宁丑毋媚，宁支离毋轻滑，宁直率毋安排。"康熙十八年，命各地推荐学者，赴试博学鸿儒科，傅山也在其中，但他坚不赴行，地方官命人把他连床抬赴北京。离京三十里，他宁死不从，遂以老病奏闻，下诏免试放回。他怀念明朝，明帝姓朱，遂着红衣，自称朱衣道人，死时也按遗命，以朱衣黄冠（道冠）入殓。

傅山的书法以草书最佳，但传世作品，良莠不齐，颇多子弟所书或后世临摹伪造之品。这一幅《酒阵茶枪诗轴》(图6-7)，写在绫本上，现藏山西省博物馆，显属真迹精品。所写为：

酒阵茶枪次第陈，湘箸绿雨座中春。

妖姬一曲《江南弄》,霡霂阴阴下宝云。

饮酒有劝酒、催酒、划拳赛酒……，故称"酒阵"。"茶枪"指茶叶尚未展开的嫩芽。唐陆龟蒙《奉酬袭美先辈吴中苦雨一百韵》："酒帜风外戗，茶枪露中撷。"自注："茶芽未展者曰枪，已展者曰旗。""湘箸"，指用湘妃竹做的筷子。湘妃竹即斑竹。张华《博物志》："舜死，二妃泪下，染竹即斑。""绿雨"，指酒、茶。"妖姬"，指歌女。《江南弄》，是乐府《清商曲》的一种。梁武帝曾制《江南弄》七曲：《江南弄》、《龙笛曲》、《采莲曲》、《凤笙曲》、《采菱曲》、《游女曲》、《朝云曲》，皆轻艳绮靡。"霡霂"，指小雨。南朝齐谢朓诗句："霡霂微雨散，葳蕤蕙草密。"

全诗咏宴会。先酒后茶，或酒或茶，各以所好。湘箸越瓷，杯盆交错。酒花四溅，茶瓯满溢。或捉对拇战，或分曹联句。主殷客勤，满座皆春。客有类苏东坡者，不嗜酒而嗜茶。枪芽甫摘，惠水才煎。一杯在手，细品慢啜。齿颊留香，沁入肺腑。其酒而酣者，也藉茶以醒酒。食而胀者，更赖茶以消积。

俄而侑酒美女，轻点牙板，婉转歌喉，一曲艳歌，或微听针

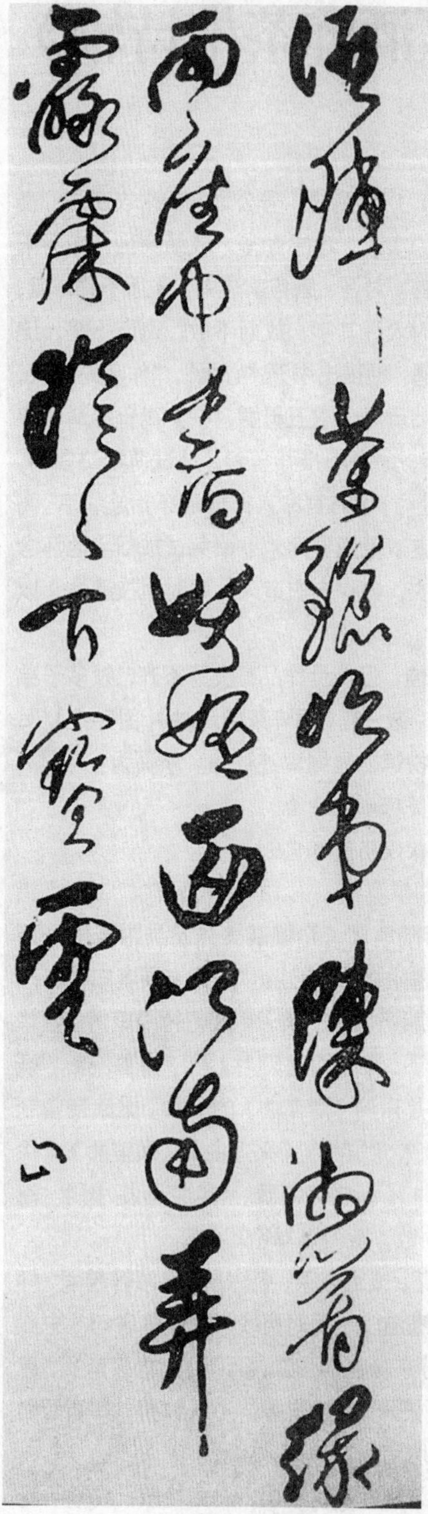

[图6-7] 清·傅山《酒阵茶枪诗轴》

落，或响遏行云。纵无天女散花，也似柳枝洒雨。

天下无不散筵席，而有不消之情结。吟之成诗，书之成轴。长留人间，贻芳百世。

细赏此轴，美不胜收。“酒阵”、“茶枪”、“妖姬”、“霡霂”等字，连绵飘逸，气象万千。“弄”字似鹤立鸡群，焕然卓著。“宝”字更若长袖飘带，浑脱剑器，临风飞舞，而复心平气和。全幅拙而越巧，丑而越媚。品其结构，有若酒后群像，倒者自倒，扶者自扶，纯出自然，复无扞格之感。书法能达到这一水平，可真是大匠斫轮，不见斧凿之痕！

# 清　金农《玉川子煮茶轴》

[图6-8]　清·金农《玉川子煮茶轴》

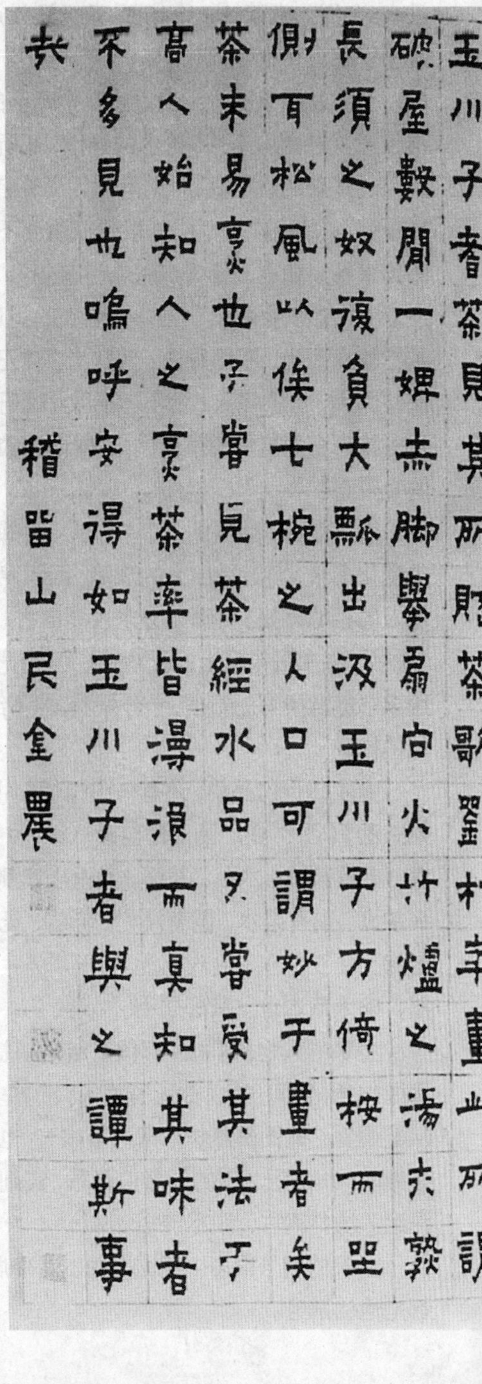

金农（1687—1763），字寿门，号冬心，钱塘（杭州）人，十七岁工诗词，三十多岁能作画，五十岁后致力于绘画。乾隆元年，受地方官荐举博学鸿词科，至北京未就试即返。晚年居扬州，卖画自给，为“扬州八怪”之一。工书法，楷书自创一格，有隶意而作浓黑方笔，号称“漆书”。这一幅《玉川子煮茶轴》（图6–8），是“漆书”的代表作，全文为：

玉川子嗜茶，见其所赋茶歌。刘松年画此，所谓破屋数间，一婢赤脚举扇向火。竹炉之汤未熟，长须之奴复负大瓢出汲。玉川子方倚案而坐，侧耳松风，以俟七碗之入口，可谓妙于画者矣。茶未易烹也，予尝见《茶经》、《水品》，又尝受其法于高人，始知人之烹茶率皆漫浪，而真知其味者不多见也。呜呼，安得如玉川子者与之谈斯事哉！稽留山民金农。

古今书法家写立轴，多写诗词歌赋的全首或一部分，而金农的这幅立轴，却似乎是信笔而写。先写唐朝

卢仝（号玉川子）喜欢煮茶，见于他的茶诗。宋朝刘松年画了幅卢仝煮茶图，作破屋数间，卢仝倚案而坐，侧耳在听水沸之声。赤脚婢正对竹炉煽火，汤已煮沸，长须奴又背大瓢出去汲水。全图为煮茶的一个场面，茶汤还没点出，卢仝正在等待七碗入口。

金农从烹茶图说到自己也是个嗜茶的人。不但阅读过古人论茶、论水的煮作，还听高人指点过烹茶的妙招。从而觉得世之烹茶者，“率皆漫浪”。“漫浪”一词，一般作放纵而不受世俗拘束解。如欧阳修《自叙》诗有句：“余本漫浪者，兹亦漫为官。”但体会金农此间意思，当指随意而为，不懂方法。他认为，真正懂得烹茶的人，世不多见。他不胜感叹：啊呀！那里去找卢仝那样懂得茶道的人，同他谈谈烹茶的心得呢！

有人认为，金农的“漆书”是从古碑隶书中变化而来，与近世出土的汉简、西汉帛书有惊人的相似之处。可谓无心求古而自古。他的“漆书”在书画市场上颇受欢迎。但我觉得他用隶书笔意所写的行楷，十分好看。越不经意，越得妙趣。

金农传世作品中，还有一小幅《玉川先生煎茶图》（图6–9）。画面作芭蕉八株，中有石案，上置茶炉、水瓶、茶杯。卢仝坐案侧，注视炉火。前有泉水，围有矮栏。赤脚、无齿的老婢，正在打水。金农自题：“玉川先生煎茶图，宋人摹本也。昔耶居士。”

金农的人物故事画，都很简洁，往往只取房屋一角，窗间一人。此图有两人，已算多了。从题词看，此图是摹仿“宋人摹本”，也只能是撷取一角而已。他的画形似草草，实则笔意深远。质朴高古，脱尽流俗。

金农的别号很多。稽留山民、昔耶居士，都是他的别号。

[图6-9] 清·金农《玉川先生煎茶图》

# 清　邓石如 隶书中堂

邓石如（1743—1805），原名琰，字石如。为避嘉庆皇帝顒琰讳，改名石如，字顽伯，号完白山人、古浣子等，安徽休宁人。生长于农村，自学书法、篆刻。被主讲寿春书院的梁巘发现才能，推荐给收藏家梅镠。邓石如遂客居梅家八年，刻苦临摹善本篆隶碑帖。每日早起，磨墨盈盘，写至夜分墨尽方止，寒暑不辍。当时的篆隶名家，多卷绸或剪去笔锋书写，而邓石如用长锋羊毫作篆，圆润生辉，肉腴血畅，其妙无穷。杨守敬说他："以柔毫作篆，博大精深，包慎伯（世臣）推为直接二李（李斯、李阳冰），非过誉也。"康有为也说："篆法之有邓石如，犹儒家之有孟子。"

这一幅隶书中堂（图6-10），所书为：

读义理书，学法帖字，澄心静坐，益友清谈，小酌半醺，浇花种竹，听琴玩鹤，焚香煮茶，泛舟观山，寓意棋弈。虽有他乐，吾不易矣。《经鉏堂杂志》，顽伯弟邓石如

"鉏"同"锄"。《汉书·兒宽传》："带经而鉏，休息辄读诵。"后世以"经锄"为耕读之典。《经鉏堂杂志》的作者是宋朝的倪思，字正肃，进士，仕至礼部侍郎、尚书，好直言，卒谥文节。"杂志"二字与现在的含义完全不同，而是指读书摘记、思想随笔乃至逸闻、掌故之类的笔记体著作。

且看文字内容：文人生涯，琴棋书画。他会下棋、会写字，不会弹琴，但爱听琴。不会画画，也不大爱画。还喜欢游山玩水，浇花种竹。至于酒、茶，酒是"少量"，茶是欢喜的。欢喜到什么程度呢？欢喜到不但要啜，而且要自己来"煮"。一个"煮"字，足见爱茶之深了。

这个经锄堂主人，有选择地叙述了文人逸事，然后总之以"虽有他乐，吾不易也"。"他乐"是什么？当然是指达官豪富、纨绔子弟的声色犬马。人各有志，我自乐此不疲，不愿与声色犬马作交换也！

邓石如选此来写，说明他自己也是同调之人。中堂没有上款，但署名中标出"弟"字，已能说明是送人之作。

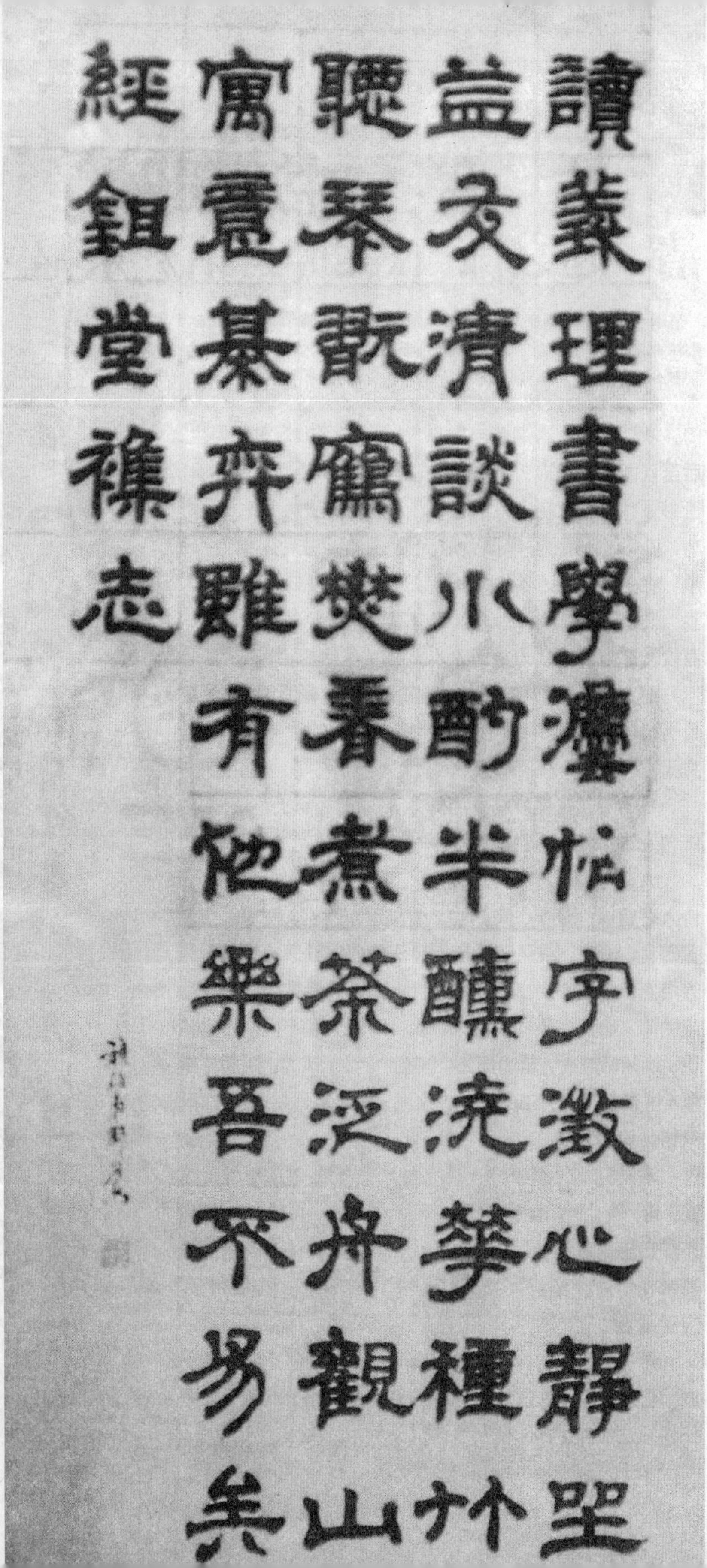


图[6-10] 清·邓石如隶书轴

# 清　赵之谦《匏庐诗话》条幅

赵之谦（1829—1884），字益甫、㧑叔，号悲庵、无闷，浙江绍兴人，清咸丰时举人，会试不中，卖画为生，后至江西主修通志，成书后曾任鄱阳、奉新、南昌知县。工书画，擅写意花卉，学陈淳、陆治，并受八大、石涛影响，又有创新精神。笔墨劲健，色彩浓艳，被后人奉为“海派”前驱。书法受邓石如影响较大，但邓多刻意摹拟古人篆、隶，逼近古貌；赵则以楷书笔意，搭北碑字架，自成面貌，恣意挥洒，气象万千，人称“颜底魏面”。

赵之谦所书《匏庐诗话》系四条屏。这幅写陈继儒（眉公）《试茶》（图6-11）诗的是四条屏中的最后一条，全文为：

> 陈眉公《试茶》四言诗：“竹炉幽讨，松火怒飞。”似六朝人语。杂录《匏庐诗话》四则。己巳仲夏㧑叔赵之谦。

六朝指魏、晋和南朝的宋、齐、梁、陈。六朝的著名诗人有曹操、曹植、陶渊明、谢灵运、谢朓、庾信等。诗多四言、五言，或气势恢宏，志深意长；或悲凉慷慨，风衰俗怨；或潜心山水，逃俗遁世。六朝的诗歌风格，与后起的隋、唐自多不同；与宋、元、明则更多不同。后世论诗，以风格越古，越为高超。《匏庐诗话》认为：明朝陈继儒《试茶》四言诗中的“竹炉幽讨，松火怒飞”，颇近六朝风格，值得称道。

清陆廷灿《续茶经·茶之器》有一条：“陈继儒《试茶》诗，有‘竹炉幽讨，松火怒飞’之句。”并有夹注：“竹茶炉出惠山者最佳”。所谓“竹炉”，其实只是泥茶炉的外圈绑札竹片。“幽讨”、“怒飞”，当指煮茶火候的应缓则缓，应猛则猛。

所书“己巳”，当是同治八年（1869），赵之谦四十一岁，正是壮年，书法体例已颇纯熟，令人十分耐看，自是一件书法杰作。

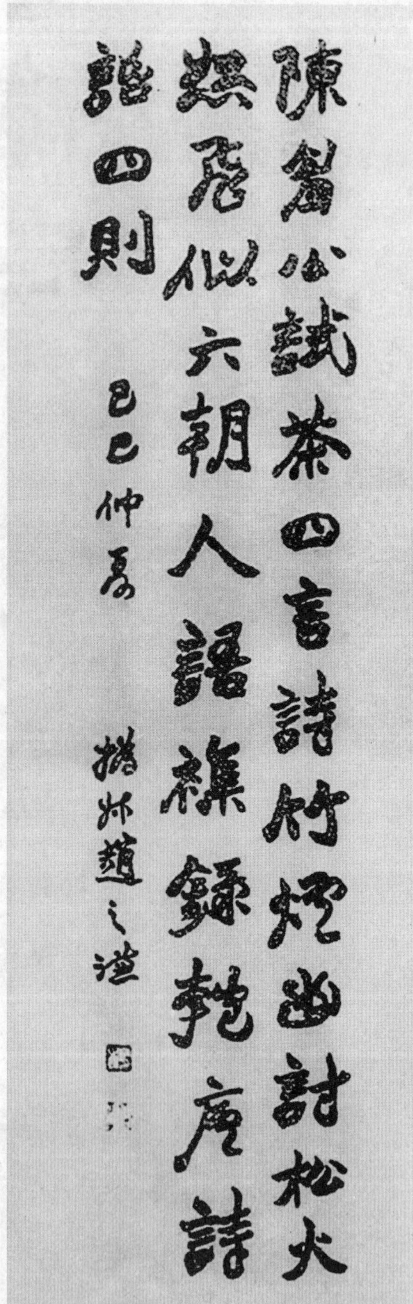


[图6-11]　清·赵之谦录匏庐诗话条幅

# 清　张謇 行书东坡诗轴

宋苏轼《试院煎茶诗》为：

蟹眼已过鱼眼生，飕飕欲作松风鸣。
蒙茸出磨细珠落，眩转绕瓯飞雪轻。
银瓶泻汤夸第二，未识古人煎水意。
君不见昔时李生好客手自煎，
贵从活火发新泉。
又不见今时潞公煎茶学西蜀，
定州花瓷琢红玉。
我今贫病长苦饥，分无玉盌捧蛾眉。
且学公家作茗饮，砖炉石铫行相随。
不用撑肠拄腹文字五千卷，
但愿一瓯常及睡足日高时。

此诗的“蟹眼”、“鱼眼”，指煮水时产生的泡泡。“松风”，指水沸时发出的声音，犹似风拂松树，发出“松涛”。“蒙茸”、“细珠”，指把茶叶磨成粉末。唐时用碾，宋时除碾外，也用磨，或用臼加工茶叶。“绕瓯”、“飞雪”，指点茶时出现于盌面的最佳状态。这些都是煎茶的术语。“银瓶泻汤”，当指煎茶的掌握火候、技巧。自己掌握不好，夸不得第一，只能以次等自居。

接下去，苏轼列举了两个善于煎茶、品茶的人。一个是“昔时”的“李生”，似指唐朝的李德裕；还有一个是“今时”的“潞公”，当指文彦博。文拜相时，封潞国公。宋朝名相，一般多节俭，但文彦博却不如此。如《嬾真子》称：文从成都至洛，“西来行李甚盛”，“姬侍皆骏马，锦绣兰麝，溢人眼鼻。”所以苏轼诗称：“又不见今时潞公煎茶学西蜀，定州花瓷琢红玉。”指文彦博所用茶具，都是高档货。

有人说苏轼的这首诗大约作于宋仁宗嘉祐二年（1057年）至六年（1061年）期间……他还是二十出头，不到二十六岁的年轻人。”但我认为，要说作此诗的时期，必须先弄清诗题中的“试院”二字。“试院”指科举考试场地。苏轼确于嘉祐元年二十一岁时考进士，第二年赴试礼部、殿试，然后考中进士。当时的考场管理十分严格，根本不可能自带茶具去煎茶喝。有时口渴得很，喝不到茶水，只好喝供应磨墨的冷水。

宋哲宗元祐三年（1088），苏轼五十三岁，任翰林学士。省试时，苏轼“知贡举”，即主持考试。因此，这首诗可能作于这一年。“砖炉石铫行相随”，即把煮茶的器具带进试院，供锁院监试时煮茶饮用。苏轼不善饮酒，而善饮茶。随时煮饮，故虽至试院，也须携具以待。他说，我要学潞公“作茗饮”，但一贯贫苦，“定州花瓷”、“红玉”瓯是学不到了，红袖添香、蛾眉捧瓯的艳福，也是无分的了。

卢仝诗：“三碗搜枯肠，唯有文字五千卷。”苏轼说得很风趣，我的肚里没有五千卷书，也不求苦读以达五千。否则，“撑肠拄腹”，将何以堪？我只求“一瓯常及”，随时能捧到一杯茶，夜夜能安眠，天天可以睡到太阳高照才起床，那就享足太平福了。

书写诗轴（图6-12）的张謇（1853—1926），字季直，号啬翁，江苏南通人，光绪二十年考中状元，授翰林院修撰。后回乡创办实业，建大生纱厂、垦牧公司、面粉厂、轮船公司，等等，为我国轻工业先驱。毛泽东曾说：“讲轻工业不能忘记张謇。”

[图6-12] 清·张謇书《苏东坡试院煎茶诗》

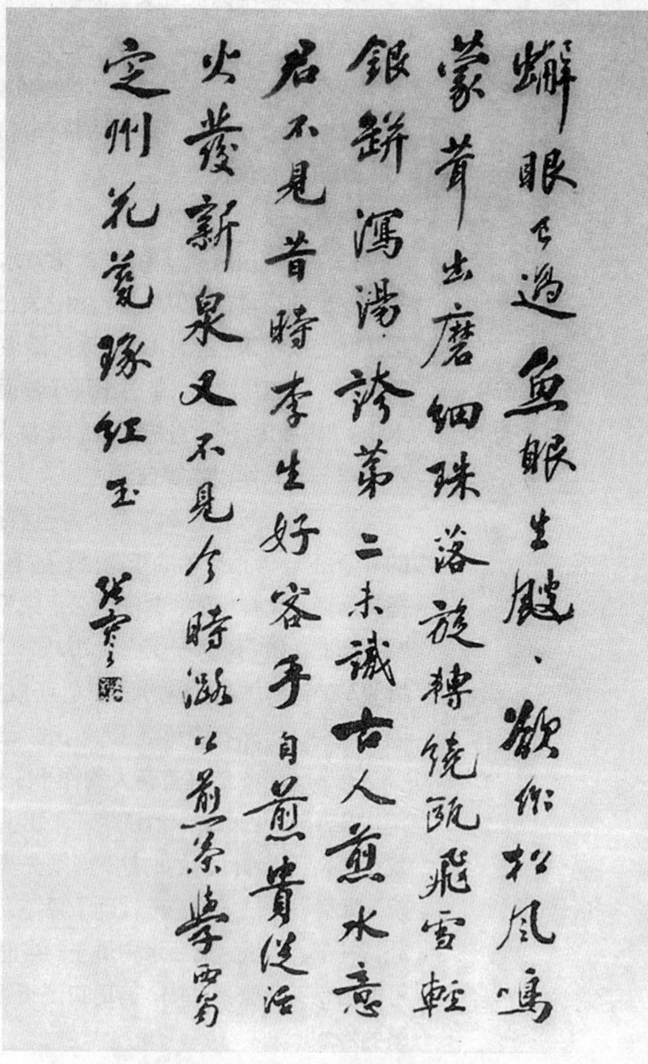

张謇不以书法名家，但他的字写得很好。有颜、柳筋骨，又有苏、米血脉。试看“松风”、“飞雪”、“西蜀”等字，深得苏书笔法、意境。学苏书、写苏诗，难怪整幅堂庑开阔，气韵生动，令人看来，美不胜收。

张謇此轴，只录苏诗前半首。有可能认为后半首的内容较为冷涩，没有前半首的活泼。身为状元、实业家，其抱负、取舍，自与凡人不同了。

# 第七编

# 茶联

# 清　施润章《茶帘》联

[图7-1]　清·施润章《茶帘》联

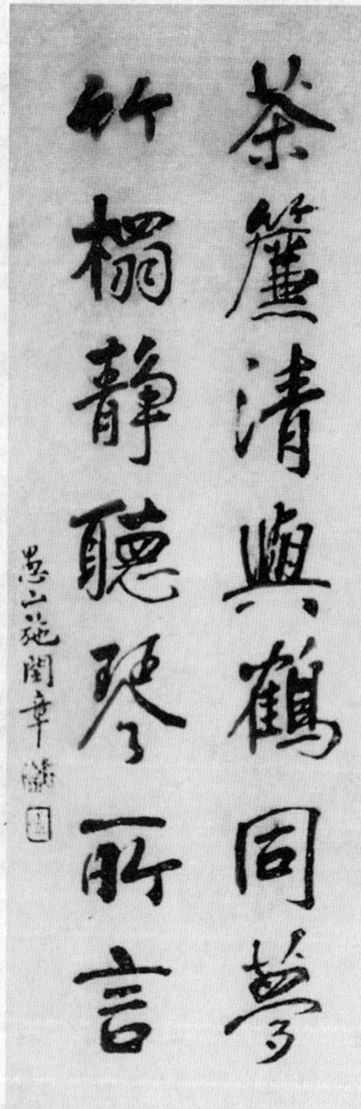


施润章，字尚白，号愚山，清宣城人，顺治进士，任刑部主事，裁缺归家。康熙时又召试鸿博，任侍讲、侍读。他的学问很好，尤工于诗，著作有《学余堂诗文集》等。

20世纪50年代，施润章成了历史名人。原来，当时有人把《聊斋志异》里的《胭脂》篇编为剧本。剧情为：牛医卞氏之女胭脂，貌美。与邻女王氏偶见少年鄂秋隼，胭脂相思成疾，请王致意。王与邻生宿介通，告知此事。宿夜去求欢，遭胭脂坚拒，只求得一绣履，至王氏门口失之。宿告经过于王氏，为同巷游民毛大听得，并拣得绣履，即去卞家求欢。卞父发现，格斗中被毛大杀死。案发，县宰详讯胭脂后归罪鄂秋隼，判死刑。济南知府吴南岱复审，认为鄂秋隼不类凶手，详审后牵出王氏、宿介，遂定宿介为凶手，铁案如山。宿介上书山东学政施润章，施反复审查原案，发现疑窦。主动要求移审此案，终于审出真凶毛大。

《胭脂》演出后，引起中央重视，定为政法干部必看之剧，一时施润章成为“青天大老爷”！

自古书法家，有的是“人以书传”，也有的是“书以人传”。施润章不是书法家，但由于他为官清正，爱护后进，一贯受到后人尊重，传世墨迹，也受到宝爱。此联文为：

茶帘清与鹤同梦，竹榻静听琴所言。（图7–1）

鹤是仙家、道士乃至隐者的灵禽。所谓“鹤梦”，是指超凡脱俗的向往。唐司空图诗：“地凉清鹤梦，林静肃僧仪。”明谢榛诗：“鹤梦通云岛，猿啼下石门。”故此联意为：从竹帘透进煮茶的清香，令人向往云霞仙境。闲卧竹榻，静听弹琴，听懂了琴声的高山流水，辽阔高远。

学而优则仕。一仕之后，又为案牍劳形，鼓吹聒耳。转而向往品茶、听琴，北窗高卧，无忧无虑的隐逸生涯。这便是我对此联的解读，我对此联的领悟。

# 清　郑簠《瀹茗》联

郑簠（1622—1694），字汝器，号谷口，清上元（南京）人。工书，以隶书擅名，有时参以草法，为一时名手所不及。但被人讥刺未得笔法，“故作屈曲，殊乖大方。”

清包世臣著《艺舟双楫》，品评清朝早中期书法家，分为“神品”、“妙品”、“能品”、“逸品”、“佳品”。“神品”只有邓石如一人。他把郑簠列为“逸品上”，还是比较推崇的。

从此联（图7–2）看，以草书入隶，写得十分融洽，艺术性很高。特别如“瀹茗”、“阳”等字，令人感到越看越妙。他的字体，会使我们联想到郑板桥。郑板桥（1693—1765）比郑簠后出七十年，名气比郑簠大。但如“瀹茗”、“阳”等字，实非郑板桥所能比拟。

[图7–2]　清 · 郑簠隶书《瀹茗》联

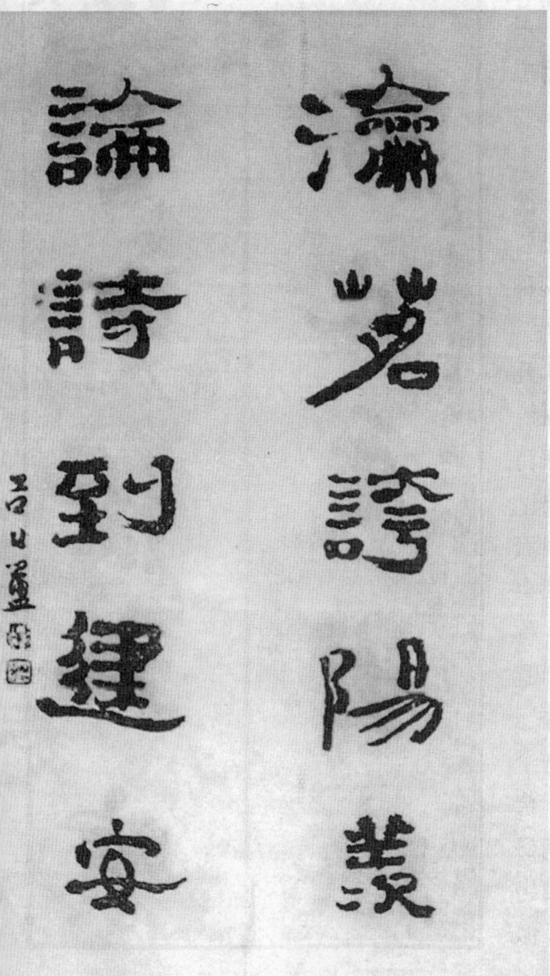


联语：

瀹茗夸阳羡，论诗到建安。

“瀹茗”即煮茶、泡茶。“阳羡”，即江苏宜兴。秦、汉时称宜兴为阳羡，故后世以“阳羡”为宜兴别名。唐朝时，产茶以阳羡最著名。宋张芸叟《画墁录》云：“有唐茶品，以阳羡为上供；建溪、北苑未著也。”建溪、北苑，是到宋朝才出名的。当然，清朝人笔下的“阳羡”，只是精品茶叶的代名词，并不一定是仍指阳羡茶最为出名。下联“论诗到建安”，是说议论诗歌的成就，议论诗歌的历史，不止于唐朝，而要追溯到建安。“建安”是汉献帝的年号。李白《宣城谢朓楼饯别校书叔云》诗云：“蓬莱文章建安骨，中间小谢又清发。俱怀逸兴壮思飞，欲上青天揽明月。”王琦注：“东汉建安之末，有孔融、王粲、陈琳、徐幹、刘桢、应瑒及曹氏父子（曹操、曹丕、曹植）所作之诗，世谓之建安体。风格遒上，最饶古气。”所以郑簠认为，评论诗作，要上追建安体。

# 清　姜宸英《茶泛》联

姜宸英（1628—1699），字西溟，号湛园、苇间，浙江慈溪人。出生于明崇祯元年，喜读书，好古文，自二十一史及诸子百家，无不披阅。清初，以布衣荐修《明史》，与朱彝尊、严绳孙号称“三布衣（没有功名的人）”。康熙三十六年（1697），已七十岁，参与会试，考中探花（殿试第三名），授编修。三十八年（1699），任顺天乡试副考官，因科场案牵连入狱，冤未白，即死。

姜宸英不仅擅长文史，也工书，能画山水。书法宗古代各名家，然后自成一体。包世臣评其行书为“能品上”。这副行书对联（图7-3）文作：

茶泛素瓷谈入妙，帖临乌几展生香。

佳客临门，奉茶清谈。瓯白茶香，足为谈助。使得谈话内容，越来越入妙境。凭几临帖，佳帖甫展，满座生香。此联所叙，是文人雅士品茗，临帖的两种高尚境界。

“乌几”即乌皮几，是一种用乌羔皮裹饰的小几案，古人坐时用以靠身。《高士传》：“晋宋明不仕，杜门注黄老，孙登惠（送）乌羔皮裹几。”宋张耒诗句：“竹屏风下凭乌几，画作《柯山居士图》。”按：宋以前桌椅还未流行，古人凭靠小几作书。后世流行桌椅，多坐于椅上据桌作书。故“乌几”也泛指桌子。姜宸英家藏善本《兰序》石刻，拓本流传，称《姜氏兰亭》。又，古代珍藏书画、法帖，每用香料避蠹。好的藏品，一展即有香味，即所谓“古色古香”。

此联首句即称茶泛素瓷，足见姜西溟也是一个爱茶的人。此联原藏于著名画家龙游余绍宋处。余绍宋寒柯堂藏书画甚丰。他于1934年主编《东南日报》特种副刊《金石书画》，将此联刊于9月15日出版的创刊号，足见他对此联十分看重。此联之佳，似无庸赘述矣！

［图7-3］　清·姜宸英《茶泛》联

# 清　杭世骏《作客》联

杭世骏（1696 1773），字大宗，号堇浦，清仁和（杭州）人，曾官翰林院编修。工书法，善画梅竹、山水小品，疏淡有致。间作水墨花卉，也颇古朴。勤力著述，有《道古堂集》。

杭世骏是个怪人。他的怪，可说全同乾隆皇帝有关系。康熙皇帝为了网罗人才，开博学鸿儒科，大臣荐举应试者141人，结果录取彭孙遹等50人。雍正皇帝也准备开博学鸿儒科，办了一半，皇帝病死，接下去由乾隆皇帝办，各地荐举176人，结果只录取15人。其中，杭世骏被取为第5名，任翰林院编修。乾隆二十八年，皇帝忽发奇想，对翰林院等官员，开"阳城马周"科。阳城、马周，是唐朝能直言的官员，乾隆也要官员直言，要他们"大鸣大放"，发表对朝廷治理的意见。杭世骏是个"楞头青"，不晓得哪些可以直言，哪些根本不能直言。他洋洋洒洒，不半天就写了好几千字。最后一条竟说："我朝一统久矣，朝廷用人，宜泯满、汉之见。"意思是说，朝廷不应重用满人，忌视汉人，应该一律平等。乾隆一见，勃然大怒，立交刑部议罪，刑部拟死罪杀头。幸亏侍郎观保跪奏："杭世骏做秀才时就是出名的狂生，口不择言，不必较真。"最后终算死罪可免，活罪难逃，马上撤职，赶回杭州。他回家后教书过活，不修边幅，有空就和市井之徒赌钱为戏。他最不爱看朝廷邸报，朝中情况，概不知道。一天，同举博学鸿儒的刘纶来拜访他，他见刘纶已是一品官服，奇怪道："你现在是什么官啦？"刘纶道："不敢欺，我已进内阁多年。"他更觉奇怪，笑道："你原是吴下少年，也入阁办事啦！"引得在场的人都大笑起来。原来，刘纶虽是博学鸿儒第一名，但他的年龄却是最小的一个。

还有一次，浙江的学政大人钱维城要去拜访他。前面开锣喝道，高举"肃静"、"回避"虎头牌的仪仗刚过望仙桥，钱维城在轿里看到杭世骏穿了短袖葛衣，拿了把芭蕉扇在赌钱。钱维城连忙下轿，作揖敬道："前辈在这里呀？"杭世骏原想用芭蕉扇遮面孔，看来遮不住了，只好说："你看见我啦！"钱道："我是特地要到府上拜访的。"杭忙说我家狭小，容不得许多人。杭推来推去，最后还是把钱挡回去了。一起赌钱的人，躲在桥下，一个个出来，惊道："你是什么人？连学政大人都这样敬重你！"杭不肯告姓名，只说："他是我同事过的后生小辈。”

乾隆三十年(1765),皇帝游江南,过杭州时,杭世骏按例参与迎驾。皇帝问他何以为生?当时,他已70岁,大约教不得书,更加落魄,答称:“摆旧货摊。”皇帝问:“什么叫‘旧货摊’?”杭答:“买些破铜烂铁,摆地摊赚点小钱。”皇帝大笑,写了“买卖破铜烂铁”六个字送给他。乾隆三十八年(1773),皇帝游江南,又过杭州,杭世骏又参与迎驾。皇帝对左右说:“杭世骏还没有死呀?”结果当天夜里就死掉了。

杭世骏人奇字也奇,有点不守规矩。但令人越看越好,不规矩而生动,不做作而飘逸,总的是很有书卷气。联文:

作客思秋,议图赤脚婢;品茶入室,为仿长须奴。堇浦杭世骏。(图7-4)

联中提到“品茶”,其实,与茶有关的不仅“品茶”两字,还有“赤脚婢”、“长须奴”,都与唐卢仝品茶有关,算来,18字中有8字直接与茶有关。其余的字,也是围绕这8个字的。“思秋”,意即悲秋。晋张华诗:“吉士思秋,实感物化。”因作客而悲秋,有可能是京官清苦,生活冷寞,或是杭世骏在翰林院时所书。

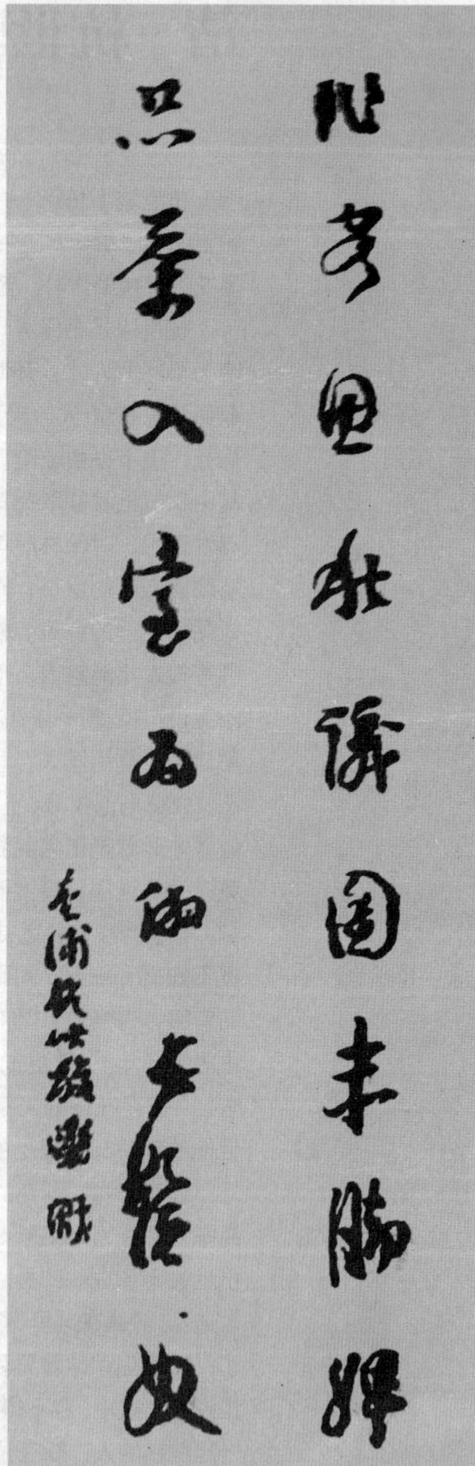

[图7-4] 清·杭世骏《作客》联

# 清　刘墉、翁方纲《松窗》联

刘墉、翁方纲都是乾隆年间的著名书法家，与梁同书、王文治合称“乾隆四大家”。刘、翁都写过以“松窗”开头的七言行书联。但二联有四字不同。刘联作：

[图7-5]　清·刘墉《松窗》联

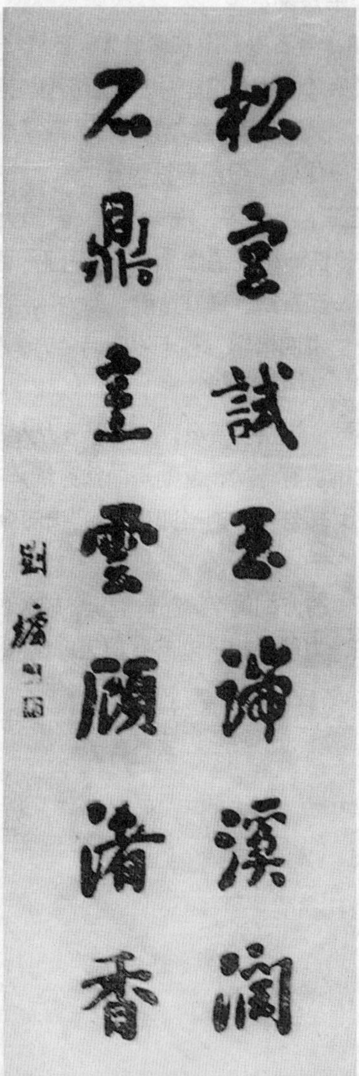

[图7-6]　清·翁方纲《松窗》联

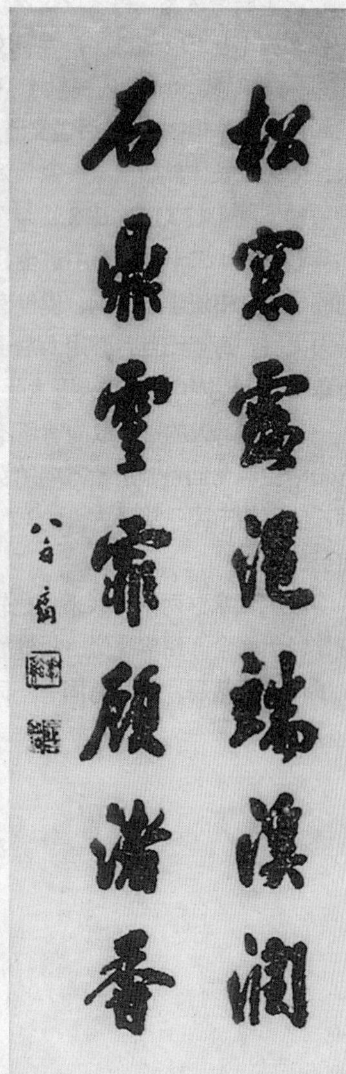

*松窗试玉端溪润，石鼎烹云顾渚香。*（图 7–5）

翁联则作：

*松窗露浥端溪润，石鼎云霏顾渚香。*（图 7–6）

字不同，内容则同。上联说写字，下联说烹茶。

“端溪”，指以广东高要县东南端溪所产石制砚台，唐时即出名，为砚中上品。好的砚台滋润而易发墨，呵气即成水珠。“试玉”的“玉”泛指玉石，此处指石砚。“石鼎”，陶制烹茶用具，也作“石铫”。唐皮日休诗：“松扉欲启似鸣鹤，石鼎初煎若聚蚊。”宋庞树柏诗：“人在四围晴翠里，石铫松火烹新泉。”“顾渚”，唐时即以产茶闻名。《国史补》：天下名茶，“剑南有蒙顶、石花，湖州有顾渚、紫笋。”“烹云”，指烹茶时水气凝结，有似云雾。

说了联语含义，再来说说两个书法家：

刘墉（1719—1804），字崇如，号石庵，山东诸城人。乾隆十六年（1751）进士，曾任翰林院编修、侍讲，内阁学士、《四库全书》馆副总裁，后历任吏部、工部、兵部尚书、体仁阁大学士（相国），卒后谥文清。书法初学钟繇、颜真卿，后学赵孟頫、董其昌，遍涉各家，博采众长，然后自成一家，浑厚雄健，似棉裹铁。

翁方纲（1733—1818），字正三，号覃溪，晚号苏斋，直隶大兴（北京）人，乾隆十七年（1752）二十岁即考中进士，曾任翰林院编修、国子监司业、督学江西、山东等地，擢内阁学士。书法学欧阳询、虞世南、颜真卿，谨守法度。翁方纲活到八十六岁，身体健康，目力尤胜。每年元旦，必用西瓜子仁书四楷字。五十岁时写“万寿无疆”，六十岁写“天子万年”，七十岁犹能写“天下太平”。

刘、翁二人的书法取向有所不同。刘独创新意，翁则学透古人。有这样一个故事：刘墉有个学生叫戈仙舟，是翁方纲的女婿。有一次，戈仙舟向翁方纲拜节，翁对戈说：“请问令师，他写的字哪一笔是古人的？”戈转告刘，刘当即说道：“请问令岳，他写的字哪一笔是自己的？”

我们试拿这两副对联来作比较。翁方纲的字，筋骨健挺，较为外露；刘墉的字，端庄稳健，较为内含。翁字犹似山村健妇，力能挑担；刘字犹似大家闺秀，仪态万方。

同颂顾渚香，香味有同有不同。

# 清　伊秉绶《溪上》联

伊秉绶（1754—1815），字组似，号墨卿，晚号默庵，福建汀州宁化人，乾隆五十四年（1789）进士，曾作刑部主事、广东惠州、江苏扬州知府。工书，也喜绘画、刻印，并有诗集传世。

伊秉绶工隶书，与邓石如有“南伊北邓”之称。还将篆隶笔法用于行楷，自成一家。他曾给儿子伊念曾写下三十二字的书法心得：“方正、奇肆、恣纵、更易、减省、虚实、肥瘦，毫端变幻，出乎腕下，应和凝神造意，莫可忘拙。”

伊秉绶卒后，扬州人将其附祀于纪念宋欧阳修、苏东坡、清王士禛的“三贤祠”中，称“四贤祠”。

此联所书文为：

溪上茗芽因客煮，海南沉屑为书薰。（图 7–7）

[图7-7]　清·伊秉绶《溪上》联

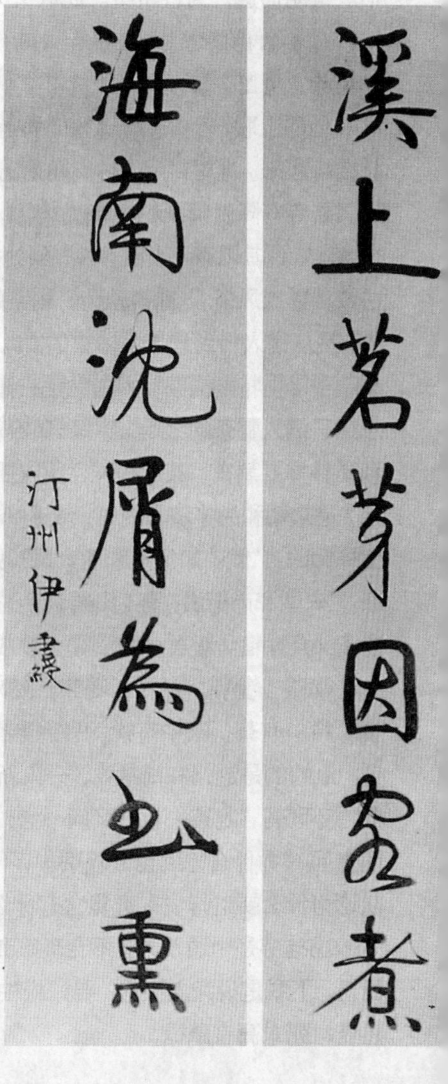


伊秉绶是福建人，自然知道福建建溪宋时即出名茶。为了与“海南”作对，故称“溪上”。“沉屑”即沉香木屑，沉香木质坚硬而重，黄色，有香味，为著名薰香料。又名“伽南香”或“奇南香”。唐李白即有诗句：“博山炉中沉香火，双烟一气凌紫霞。”“海南”泛指南方滨海地区。明李时珍《本草纲目·沉香》：“真腊不若海南黎峒……谓之海南沉，一片万钱。”

烹煮名茶，是为了招待客人；点薰名香，是为了保护书籍，免受虫蠹。此联含义，是明白不过的了。

就书法论，此联“芽”字结构诡异，“沉”字右侧十分美秀。“溪”、“客”等字十分沉稳。而上下联末脚四点，颇为规范。书贵耐看，此联确是越看越佳。

# 清　冯桂芬《得茶》联

冯桂芬（1809—1874），字林一，号景亭，清江苏吴县（苏州）人。道光二十年（1840）考中一甲二名进士，即榜眼。曾任翰林院编修、詹事府右中允，后任李鸿章幕僚，为其镇压太平军献计献策。为学重视经世致用，主张推行新政。

冯桂芬工书法，宗法欧阳询、虞世南，擅行草书。疏朗简逸，为世所重。此联文为：

得茶烟禅榻味，与修竹古梅俱。禹三二兄雅嘱，冯桂芬。”（图 7–8）

[图7-8]　清·冯桂芬《得茶》联

他的上联，把喝茶与佛教徒的坐榻参禅、焚香净化结合起来。据唐封演《封氏闻见记》：“开元中，泰山灵岩寺有降魔师，大兴禅教，学禅务于不寐，又不夕食，皆许其喝茶。人自怀挟，到处煮饮，从此转相仿效，遂成风俗。”此说认为，喝茶的习俗，始于僧人，是从僧人传到凡人之中去的。也有人认为，为什么茶圣陆羽特别懂茶？因为他是在僧寺里长大的，是总结了僧人喝茶的经验，才写《茶经》的。还有人说，和尚参禅要熬夜，茶能提神，所以要喝茶。《五灯会元》是宋朝和尚普济写的书，叙述禅宗本末。提到如宝禅师时：“问：如何是和尚家风？师曰：饭后三碗茶。”宋朝和尚德洪，有《山居》诗：“深谷清泉白石，空斋棐几明窗。饭罢一瓯清露，梦成风雨翻江。”

喝茶，参禅。参禅，喝茶。喝来喝去，参来参去。禅中有茶，茶中有禅。有的参得透，有的参不透。最妙的是赵州和尚从谂，一人新进禅院，师问：“曾到此间么？”答：“曾到。”师曰：“吃茶去！”又问一僧，答：“不曾到。”师又曰：“吃茶去！”后院主问：“为什么曾到也云吃茶去，不曾到也云吃茶去？”师仍曰：“吃茶去！”从谂为什么要这样说？究竟含有什么禅机？结果是越参越糊涂。

冯桂芬是个聪明人，不会真跟和尚去喝茶参禅，所以只说是“得……味”而已。下联是说为人操守，要如松柏之岁寒不凋，与修竹、古梅为伍，不随波逐流，死求高官厚禄。

# 清 俞樾《砚馥》联

俞樾（1821—1906），字荫甫，号曲园居士，浙江德清人，道光三十年（1850）进士，官编修。出任河南学政，两年即被劾，罢官回家。说到他的被劾，真可谓“咎由自取”。“学政”是一个省的主考官，他出了一些奇别古怪的试题：《君夫人阳货欲》、《崔子弑齐君》、《王速出令反》、《国家将亡必有妖》。这样的题目能不让人检举吗？幸亏当时已不搞文字狱，要调到康、雍、乾时代，很可能砍掉了脑袋。

俞樾博学工诗文，罢官后从事著作和讲学。曾主讲苏州紫阳书院、上海求志书院。从同治七年（1868）起，主讲杭州诂经精舍，达三十一年，章太炎、吴昌硕等，都是他的学生。著作总称《春在堂全书》，达二百五十卷。

俞樾工书法，他的书体很独特。看似隶书，其实不是传统的隶书，而是以写隶书的笔法写正楷。这副七言联文为：

*砚馥朝磨幽菊露，铛红夜煮落枫泉。*（图7-9）

上联意为：砚台发出阵阵幽香，这是因为一早上采集篱边、园角菊花上的露水用来磨墨的缘故。看下联，含意也甚简单：夜晚，炉火发红，茶铛里正用落枫泉烹煮名茶。但稍加追究，问题就来了：按联意看，“落枫泉”该是泉水的名称。经查有关书籍，包括《汉语大辞典》、《佩文韵府》，都查不到“落枫泉”究在何处。查来查去，只查到一个“枫落吴江冷”的典故：唐朝崔信明，出身名门望族，颇以诗文自负。时有郑世翼，任扬州录事参军，也是个傲慢轻物的人。一日，两人船遇江中，郑道：听说你有“枫落吴江冷”的佳句，请示全篇。崔很高兴，拿出好几首诗给郑看。郑没看完，就说：“所见不逮所闻。”投诗江水，引船而去。后世遂以“枫落吴江”借指诗文佳句。如陆游《秋兴》诗：“才尽已无枫落句，身存又见雁来时。”

此文写不下去，搁置了一段日子。有人为我从信息网中查到，此联实见于俞樾《白马河》诗中。全诗为：“野烟处处白马涧，云梦依稀与海连。乍暖童年情脉脉，微寒乡思逐叶旋。砚馥朝磨幽菊露，铛红夜煮落枫泉。似觉陌上秋风疾，无端吹得鬓发斑。”从全诗看，时在深秋，身居客地，既是律诗摘句，则与自撰联语有所不同，用不到去刻意追寻“茶枫泉”在何处了。写字、煮茶，自是客况乐事。下联的“落枫”，还是从“枫落吴江冷”生发来的。只不过要与上联“幽菊”作对，故将“枫落”倒置为“落枫”。故下联可解为：深秋叶落的夜晚，炉火正红，汲泉水烹煮名茶。

此诗“连”、“旋”、“泉”三字押“下平一先韵”。以今音读来，最末一个“斑”字似乎出韵。其实“斑”字在“上平十五删”，而“删”韵可转“先”韵，不算出韵。

我年轻时，收藏过俞樾的三副对联，一幅诗塘题字，还有一幅《饭不足斋》的斋额。天灾人祸，现在只剩一幅斋额了。俞樾的字不论大小，都用隶书笔法写正楷；但他的署名“俞樾”，都用行草书写。特别是“樾”字，一笔相连。老一辈收藏家告诉我：“樾”字一笔相连，共有十三个弯笔，是其特点，也可作鉴别真伪的依据。

[图7-9] 清·俞樾隶书《砚馥》联

# 第八编

# 茶画

# 唐 阎立本《萧翼赚〈兰亭〉图》

关于萧翼赚《兰亭》的传说主要是何延之的《兰亭记》：王羲之《兰亭》真迹，由越州裔孙僧智永传予弟子僧辩才，辩才于寝室梁上凿槽暗藏。唐太宗深喜《兰亭》，三次求之不得。大臣房玄龄推荐监察御史萧翼设法智取，萧系梁元帝曾孙，富才艺，多智谋，遂携王羲之、王献之法书数件，化装为卖蚕种商人，至越州接近辩才，一起奕棋、抚琴、投壶（一种游戏）、握槊（一种博戏）、谈说文史，意甚相得，后及书画，萧翼出所携，辩才道，确是真迹，但非精品。遂出示《兰亭》真迹，萧翼一见，故意说是响拓（向亮处双钩廓填）本，遂置案头研讨。辩才偶外出，萧急取《兰亭》而归。

宋董逌《广川画跋》有一篇《书陆羽点茶图后》：

将作丞周潜出图示余曰：此萧翼取兰亭叙者也。其后书跋者众矣，不考其说，受声据实，谓审其事也。余因考之：殿居邃严，饮茶者僧也。茶具犹在，亦有监事而临者，此岂萧翼谓哉？考何延之记萧翼事，商贩而求受业，今为士服，益知其妄。余闻纪异，言积师以嗜茶久，非渐儿供侍不响口。羽出游江湖四五载，积师绝于茶味。代宗召入内供奉，命宫人善茶者以饷师，一啜而罢。上疑其诈，私访羽召入。翌日赐师斋，俾羽煎茶，喜动于色，一举而尽。使问之，师曰："此茶有若渐儿所为也。"于是叹师知茶。出羽见之，此图是也。故曰：陆羽点茶图。

同一张人物故事画，有两种截然不同的解释：一说是萧翼巧取《兰亭》真迹；

还有一说是陆羽为智积和尚点茶。究竟哪一种说法对呢？让我们撇开两说，先来看画（图8-1）。全图五个人物，一老和尚居中左侧坐，手持麈尾，似在说话。一书生右侧坐，似在恭听。一僧居中正坐。图左，复有一长须老人及一童子在细心煮茶。茶器毕具。

显然，画中的主要人物是老僧和书生。如果这两人是辩才、萧翼，应该年岁差不多，内容应是执卷论书，或弈棋、弹琴、投壶、握槊，不宜一老一青；　高谈，　服膺，而且遍陈茶器。从这些方面看，此图应是陆羽点茶，较为可信。但是，董逌的说法只是“一家言”，找不到佐证。他说陆羽为智积师点茶的故事是“余闻纪异”。这“纪异”是什么书？或者是谁说的呢？就无从知晓了。陆羽和智积的关系，若即若离，陆羽离开智积，也不止“四五载”。智积是一般和尚，何至被唐代宗“召入内廷供奉”？凡此，都无法作出合理的解释。

不过，董逌是一个颇有学识的人，宣和年间，以精于考据，善于鉴赏闻名于世。他的《广川画跋》，如辨正武皇望仙图、东丹王千角鹿图、七夕图、兵车图等，都有令人信服的论据。说此图是陆羽点茶，可暂予存疑。五人中有两人烹茶，即使与陆羽无关，仍是与烹茶大为有关的一幅古画。

[图8-1]　唐·阎立本《萧翼赚〈兰亭〉图》

# 宋 赵佶《十八学士图卷》

《十八学士图卷》，现藏台北故宫博物院，传说作者是宋徽宗赵佶。宋徽宗会画花鸟，人物究竟能画到什么水平？不得而知。有幅《听琴图》，经人考证是画院画师所画，只是加了个赵佶的花押。我想，即使赵佶会画人物，也不会去画人物众多、布景工整的图卷。

这幅画的名称，旧标《十八学士图卷》，但所画学士，并非十八人。况且，台北故宫博物馆另有《十八学士图轴》，内容为弈棋、赏画等等。这幅图卷的内容，却与另一幅赵佶（传）《文会图》基本相同。因此，这幅图卷的作者和名称，不妨写：宋人《文会图卷》。

全卷可分三个部分：左面（图8–2）一张大桌子上，满放茶点，有九个文臣围坐桌旁绣墩上，童、仆四人侍候。近景为一角池沼，遍植荷花。远景为竹林，只露根部。复有一株松树，处于长卷左部和中部之间。中部有一直角形曲屏。屏左铺一大地毯，有六个乐师席坐地毯上，正在弹琴、弹琵琶、弹箜篌，吹箫、吹笙、吹笛子。图的右部（图8–3）有童、仆五人，正在备茶。一童立茶炉旁，炉火正旺，内置二茶壶。一童立茶桌旁，左手持黑色茶盏，盏内有褐色的建窑茶碗，右手执匙，正从罐内舀取茶末。桌上还有四套茶盏、茶碗。茶炉之前有水瓮，还有方形而大的竹编都篮，内盛茶器。全卷中部和右部的上面，有一栏干相连。栏干围着池沼，池内有天鹅游动。一穿白袍文臣，斜立栏干边，正

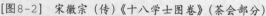

[图8-2]　宋徽宗（传）《十八学士图卷》（茶会部分）

[图8-3] 宋徽宗（传）《十八学士图卷》（烹茶部分）

在欣赏嬉水的天鹅。

所谓文会，是指文臣、学士集会。一般介绍此图的文字，多说右侧童、仆是在准备茶、酒。我觉得从全图看，只是茶会，未具酒宴。因为，中国人，特别是古代中国人喝酒，都要有肴，不会像外国人那样拿起酒瓶“吹喇叭”。配酒的肴，无非是鸡鸭鱼肉。让我们来看看大桌子上供的是什么？大多数高足盘子里，垒得像尖尖小山头似的，是糕点，而不是鸡、鱼、肘子。还有一个像花瓶似的容器里，插着一簇簇花，不像是采摘的，而是用纸绢做起来的。这样的摆设，使我想起清朝茹敦和《越言释》中的一段文字：“又古者茶必有点。无论其为碾茶为撮泡茶，必择一二佳果点之，谓之‘点茶’。点茶者必于茶器正中处，故又谓之‘点心’。此极是杀风景事，然里俗以此为恭敬，断不可少。岭南人往往用糖梅，吾越则好用红姜片子，他如莲菂、榛仁，无所不可。其后杂用果色，盈杯溢盏，略以瓯茶注之，谓之果子茶，已失点茶之旧矣。渐至盛筵贵客，累果高至尺余，又复雕鸾刻凤，缀绿攒红以为之饰。一茶之值乃至数金，谓之‘高茶’。可观而不可食，虽名为茶，实与茶风马牛……糕餐饼饵，皆名之为茶食，尤为可笑。”

此图台面摆设的，正是“点心”、“高茶”。可见，宋时已形成这些习俗，至清朝沿续或部分沿续下来。记得我童年时，即20世纪30年代，这些习俗还用于祭神、祭祖。祭神的摆设，除了“高茶”，还有“糯米牌坊”、“芝麻魁星”等等，是十分工致的手工艺品。新春供奉祖先，称为“摆茶”，要摆满两三张八仙桌。有糕饼、干果、鲜果等。我记得当时最吸引人的糕点是“芙蓉”、“回回”。“芙蓉”有点像“萨其玛”，只不过朝上一面有一层白白的糖料；“回回”是一种黄色糕点，朝上一面则是红色的。这两种糕点市场上还能看到，只不过年青人嫌太甜，不喜欢吃了。

宋朝时，翰林学士初除官职，每予赐茶。官僚之间，也常“会茶”。茶会还会行茶令。南宋王十朋有诗句：“搜我肺肠茶著令。”自注云：“余归，与诸友讲茶令。每会茶，指一物为题，各举故事，不通者罚。”此图所画，当是学士会茶图。

# 宋 刘松年 《撵茶图》

刘松年的《撵茶图》(图8–4)画五个人物，可分左右两部分。右面三人，均坐绣墩上。中间一长几，上置纸卷、砚台、墨、毛笔、笔架、水瓶。复有一兔形器，背有一管，似插笔用。一两耳四足铜炉，炉中焚香，香烟缭绕。一僧坐长几右侧，正执笔于纸上写字。一戴冠者正面朝外，面颊丰长，五绺须髯，双手执一纸，但双眼注视僧写字。另一人年略轻，与僧面对，也在看僧写字。

图右二人，当是侍者。一坐矮榻上，正以小石磨碾茶，一立方桌侧，正在持壶往铛中注水。方桌上放着贮茶器、茶碗等用具。方桌与矮榻间，一方形木架上，放着一长筒形的茶炉，炉上有长柄壶。立者

[图8-4] 宋·刘松年《撵茶图》

右侧，复有一三足鼓形木架，上置精细瓷器，器上覆一荷叶，当是贮水之器。

此图无作者姓名，也无题字。现藏台北故宫博物院，当是清宫旧藏之品，一直被认为是南宋院画高手刘松年所画，并被题签命名为《撵茶图》。“撵”字作为动词，可作“追”、“赶”、“催”、“招”多种解释。与“茶”连在一起，似乎以作“催”解较为恰当。主、客已到，茶未供上，的确是该催了。而两个侍者，也确在忙于烹茶了。

图画的命名，必然紧扣画面，也即必然与画中人物密切相关。从画面看，两组人物当然以右面的三个为主体，所占空间也比较大。因此，有专家认为：这幅画不该叫《撵茶图》，而应该叫《高僧染翰图》或《高僧挥毫图》。图中的高僧会是谁呢？很会写字，大家一猜就猜到唐朝的书僧怀素。并从怀素生发出去，猜出另两人是钱起、戴叔伦。又有人说不对头，因为三个人没有在一起过。

我觉得画中的和尚不是怀素。我之所以会这样说，还是从图左的“撵茶”着想的。同时，也是从刘松年人物画代表作之一《醉僧图》着想的。《醉僧图》画一僧坐石上，古松盘曲，覆盖画面，一较大酒葫芦挂于松枝上。僧人似乎饮酒过量，全身热躁，坦露左肩。侍童二人，一双手抻纸，一捧砚台。醉僧右手执笔，袖口滑落，正在奋笔写字。右上角有人题诗：“人人送酒不曾沽，每日松间挂一壶。草圣欲来狂便发，真堪画作醉僧图。”坡石有款：“嘉定庚午（1210）刘松年作。”刘松年笔下的醉僧，倒像是怀素。因为根据史料，怀素嗜酒，“酒酣兴发，遇寺僧粉墙，衣裳器皿，靡不书。运笔挥洒，如骤雨疾旋，随手万变，而合于法度。”

因此，如果这幅《撵茶图》中的写字僧人是怀素，则不应“撵茶”，而应“撵酒”了。

其实，会写字、写诗文的和尚很多，何必拘于怀素？按照人物故事画的一般法则，主要人物画在主位，面对观众。就画论画，主位是戴冠的那个人，体形略大，面容端庄。我怀疑此人是苏东坡。苏东坡不嗜酒而嗜茶，客来“撵茶”，顺理成章。和尚也不一定在展示书法，而只是写诗。苏东坡友好的诗僧有好几个，指不定是谁。

从宋朝烹茶方法讲，等客人到了，根据主客身份、人数临时碾茶、罗茶、烧水、点茶。如《清波杂志》称：吕申公家有三种茶罗子，招待常客，用银罗子；招待禁近，用金罗子；招待公辅，则用有棕栏者。家人把三种罗子排于屏风后面，以便随时取用。又据《墨客挥犀》：蔡叶丞请蔡襄喝小团茶。蔡襄尝后，辨出小团中掺有大团。主人大惊，呼侍童问之，原来只准备两人的茶，临时新来一客，碾、罗不及，只好掺以已碾好的大团。

此图画主人一面陪客，一面由侍者抓紧煮茶，是合乎情理的了。

刘松年，南宋钱塘（杭州）人，绍熙年间（1190—1194）画院待诏，师张敦礼，工画人物、山水。神气精妙，过于其师。宁宗朝（1195—1224）进耕织图称旨，赐金带。《撵茶图》有刘松年名款，按此画水平，也可能是刘松年真迹。

# 宋　刘松年《茗园赌市图》

刘松年的《茗园赌市图》(图8-5)，与《撵茶图》可谓“姊妹图”。因其水平、风格都很相似，何况两图都是以茶名图。

图右画一茶担，上有竹篷，可以遮阳，可以挡雨。担上满置茶器、茶具，两头复有一方形斜出的盖片，朝外一头，斜贴一张纸条，上写“上等江茶”四字，显属市招。茶担主人，左手搁扁担上，右手搭在嘴外，似在吆喝。茶担右侧，有一妇女，手提茶炉、炉上有壶。其左有一儿童，身上背着一个直角形的木架，上有茶盒、茶盏。当是提卖茶汤的母子二人。

图左画有各备茶炉、茶壶、碗盏的汉子五人，似在互相品尝茶汤。一个在冲茶，一个在饮茶、一个饮后抹嘴。还有一个赤着双足的，转身准备离去。

顾名思义，“茗园”当指名茶产地。北宋时，福建建安(建瓯)的官私茶园，多至“千三百三十有六”。所产名茶，要通过“斗茶”，评定等级。斗茶主要看茶汤的颜色，“以纯白为上，青白为次，黄白又次之。”茶的香味，要“和美俱足，入盏则清香四达。”更要看茶碗壁上显现的水痕，先现者负，后现者为胜，即所谓“水脚一线争谁先。”得胜的茶称“斗品”。胜负难以预料。即所谓“斗品之家有昔胜而今劣，前负而后胜者。”

[图8-5]　宋·刘松年《茗园赌市图》

“斗茶”场面十分热闹，所以称为“赌市”。此图所画只能是“斗茶”正式开始前的场面一角。图中的母子，当非参加斗茶，而只是买茶给看热闹而口渴的人。

宋范仲淹《和章岷从事斗茶歌》提到斗茶是“其间品第胡能欺，十目视而十手指”的场面，致有的专家认为此图与斗茶无关。但是，元朝钱选的《品茶图》、赵孟頫的《斗茶图》都脱胎于刘松年的《茗园赌市图》，或从中选取局部，稍加改动。可见钱、赵是同意称此图为《斗茶图》的。台湾故宫博物院还藏有一副类似的纸本横卷（图8-6），人物生动，色彩鲜艳，内容与《茗园赌市》基本相同，但人物左右对调，动作也有异同。如茶担主人为一老者，担上没有顶棚，不在吆喝，而将茶汤卖给身左一个小孩，小孩仅露头、手、脚，手中捧一瓷碗。担前仍有母子卖茶，但小孩已被“解放”出来，不用背沉重的木架，而是右手提壶，左手拿着三四个茶盏。原在画左的五人，改到画右，人数也从五个改为六个。大陆某出版社编印的《中国人物名画鉴赏》中，称此图为汪承霈画《群仙祝寿图》。我觉得很奇怪，为了弄清问题，冒昧函询台北故宫博物院书画处。蒙复知：此图系姚文翰所画《卖浆图》；至于汪承霈《群仙祝寿图》，所画不是人物，是水仙花。

姚文翰是乾隆年间的宫廷画家。他摹《茗园赌市》而改名《卖浆图》，可见他是不同意《茗园赌市》所画是斗茶。我想，尽管“浆”也包括“茶”，但要画这么多人一起买浆，也是说不通的，还是说斗茶为妥。

[图8-6]　清·姚文翰《卖浆图》

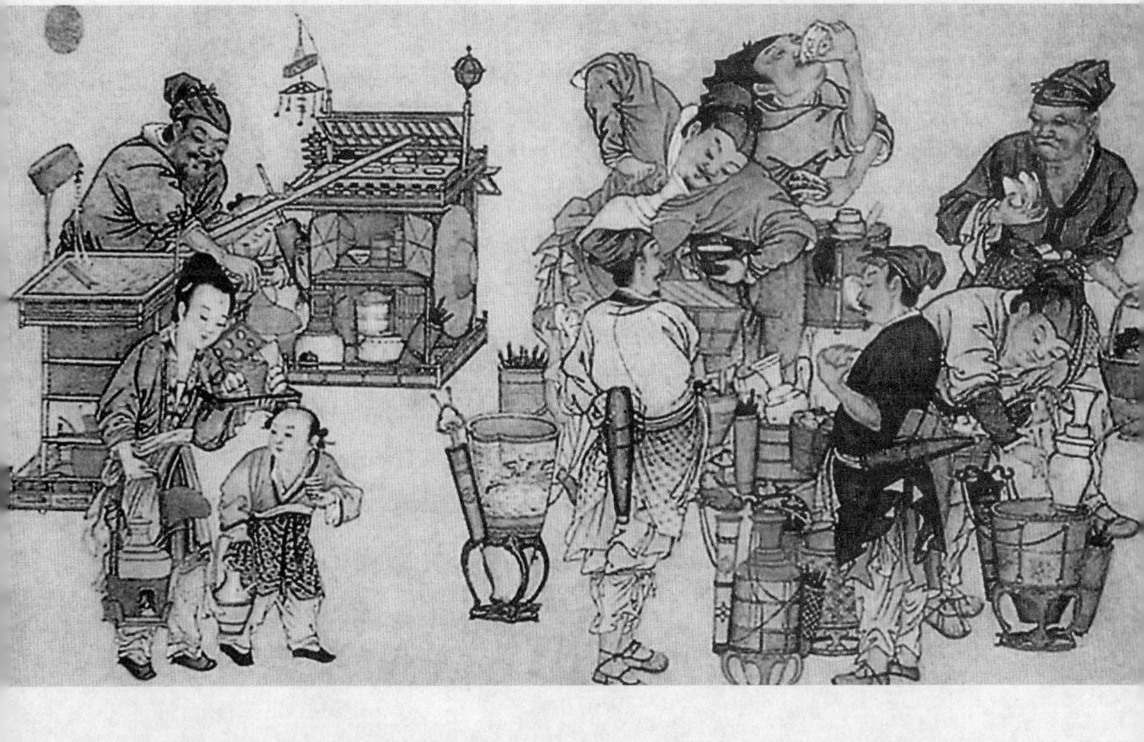

# 元 钱选《卢仝烹茶图》

钱选（1239—1302），字舜举，号玉潭，云川（吴兴）人，工诗，善书画，南宋景定年间（1260—1264）乡贡进士。宋亡后隐居不仕，与同乡赵孟頫等称为"吴兴八俊"。后赵等应征做官，钱仍隐居乡间，读书弹琴，吟诗作画，自称"不管六朝兴废事，一尊且向画图开"。山水师赵令穰，花鸟师赵昌，人物师李公麟，多画山川隐逸故事。这一幅《卢仝烹茶图》（图8-7），所表现的也是隐逸生活。

此图画黄土平坡，一太湖石据图右上角，极绉、秀、透、瘦之选。石后芭蕉数本。据中铺一地毯，卢仝着白袍，端坐毯上。旁列书籍、壶、盏之属。一男子，长须，不裹头，着谈红短袍，白裤，端立左侧。一老媪，赤足，瘪嘴，红袍白裤，蹲坐地上，执扇煽炉。一三足陶炉，上置茶铛。炉与老媪间，复有一较大水壶。三人眼睛，集中茶铛，似等水沸。

有专家认为，所画内容是：卢仝好友、谏议大夫孟简曾，差人送来新茶，卢仝烹尝后写出著名的《走笔谢孟谏议寄新茶》一诗，作为回报。所画三人是卢仝、送茶差人、仆人（老媪）。

我觉得这种说法，似有欠妥。因为卢仝的答诗写得明明白白，孟谏议的差人是个"军校"，到家时间是上午的"日高丈五"，自己还在睡梦之中，是军校"打门"才把他惊醒的。即使卢仝急于赏新，定是在家中烹茶便当得多，何必折腾到山坡上去呢？如果端立着的是差人，何以毫无"军校"的样子，连头发也不裹呢？

其实，硬把此图与孟谏议送茶挂起钩来是多余的。钱选笔下的卢仝，只是平时生活的卢仝。另两个人，只要看一下韩愈《寄卢仝》诗："一奴长须不裹头，一婢赤脚老无齿。"显然，这两人是卢仝的奴、婢。"长须"、"不裹头"、"赤脚"、"瘪嘴"，是画得最明白不过的了。

此图布景爽朗，人物造型准确，面部表情生动，衣褶线条劲挺。可谓得李公麟白描画法正传，而又着色鲜艳，成为一幅雅俗共赏的杰作。近见有的茶叶包装盒上，即以此图当作主要画面。古色古香，令人欣赏。

[图8-7] 元·钱选《卢仝烹茶图》

# 明　文徵明　《惠山茶会图》

文徵明（1470—1559），初名壁，字徵明。至四十二岁以字行，改字徵仲，号衡山，长洲（苏州）人。嘉靖初，“以贡荐试吏部，授翰林院待诏。”不久辞归。工诗、书、画。山水法赵孟頫、王蒙、吴镇，并曾师事沈周，后自成家，与沈周被后人尊为“吴门派”领袖。

明张萱云：“徵仲喜茶不喜酒，余喜酒不喜茶，汤社中往往呼余为‘妒茶公’。”可见，文徵明的喜茶不喜酒，是出了名的。他的许多画作，都与茶有关。这幅《惠山茶会图》（图8-8），作于正德十三年（1518），文徵明四十九岁。二月十九日清明节，与蔡羽、王守、王宠、潘和甫、朱朗，兴茶会于无锡惠山，后作此图。此图系纸本手卷，画山脚坡势，松林、竹丛，并有杂树。石级宛延，可通往来。有石砌平台，中为一井。井圈内圆，外作八角形。平台上覆草顶。平台之左，为一平坦草地，置大木桌，满列茶具，桌旁有一方

形茶炉，上有茶铛。主人着白袍，端立拱手，迎接宾客。早到二客，一灰袍，俯首探视井水；一红袍，双手展视纸卷，均席地而坐。复有二客，踏林间石级而来。后者年略轻，当是朱朗。复有童三人，正在烹茶。

无锡惠山寺石泉水，也叫惠泉、慧泉。唐朝时即被刘伯刍、陆羽同评为天下第二泉。宰相李德裕，嗜饮惠山泉所煮茶水，致一度命令有司以快递专运惠山泉水至长安供他饮用。文徵明此图，定格了明正德年间的惠山泉景致。在今天的读者看来，是很难和目前的景致吻合的了。

此图不但画出惠山景色，更画出了宾主闲情逸致。山光泉色，松涛鸟语，对景啜茶品水，自有格外情趣。

此图现藏北京故宫博物院。卷末有阴文“文徵明印”、“悟言室印”。卷首有阴文鉴藏章“□发□藏”、“胜叔陶氏秘玩”。犹记解放初期，我住在杭州新宫桥河下，一日卧病，房东老太太的一个弟弟，从老画师戚子冈处借来两件古画，供我病中欣赏消愁，一件是白鼻丑官，在金元宝上跳加官。无作者姓名，类似古代讽刺画。还有一件是文徵明《惠山茶会卷》，大小内容与故宫博物馆藏卷无异，无名款印章，据说画末原有一徵明印章，被裱工粗心划掉。但卷首有高野侯、余绍宋题签，允为真迹。悠悠五十余年，不知存否？更无从对比品评矣！

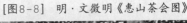

[图8-8]　明·文徵明《惠山茶会图》

# 明　文徵明《品茶图》

文徵明除《惠山茶会图》外，还画过《玉川图》、《林榭煎茶图》、《乔林煮茗图》、《茶事图》等有关品茶啜茗的图画。同时，在其他题材的画面中，也往往画有烹茶供客的场景。这一幅现藏于台北故宫博物院的《品茶图》（图8-9），作于嘉靖十年（1531），时年六十二岁。

[图8-9]　明·文徵明《品茶图》

画面作山崖平地，小桥流水，一松高耸，杂树成群，间有草堂。一正一厢，呈直角形。正屋内主客二人对话，桌列茶具。厢屋内有童烹茶。复有一红衣客，正步过小桥，走向草堂。远山两峰，弥见远隔尘嚣，景色深幽。

上方自题：

碧山深处绝纤埃，面面轩窗对水开。

谷雨乍过茶事好，鼎汤初沸有朋来。

嘉靖辛卯，山中茶事方盛，陆子传过访，遂汲泉煮而品之，真一段佳话也。徵明制。

陆子传即陆师道（1517—？），字子传，号元洲，长洲（苏州）人，师事文徵明，工诗、文、书、画。至嘉靖十七年考中进士，官至尚宝少卿。算来，嘉靖辛卯时，陆子传只有二十二岁。

谷雨方过，得雨前茶尝新，汲门前清泉烹之，与得意门生共享，自是人生乐事。从画面看，草堂并非居家之室，而是专供品茗、会客、读书的“茶舍”。“构一斗室，相旁山斋。内设茶具。教一童专主茶役，以供长日清谈，寒宵兀坐。幽人首务，不可稍废者。”

作此图三年后，即嘉靖十三年（1534）三月，苏州文人，至虎丘品尝雨前茶。文徵明恰逢卧病，未能赴会。友人归来，携雨前茶二三种相赠。文徵明病愈后，复绘《茶事图》，老松、草堂，与《品茶图》中场景相同。可见二图所画，是对“茶舍”的写实，并非构图的偶同。至于烹茶小屋，当即是文震亨所称的“茶寮”。

# 明 仇英《赵孟頫写经换茶图》

[图8-10] 明·仇英《赵孟頫写经换茶图》

此图（图8-10）与文徵明写《心经》装裱在一个手卷上，现藏美国克里夫兰美术馆。卷后有文徵明的儿子文彭、文嘉和收藏家王世懋的题跋。从这些题跋得知，此卷的形成，蕴藏着一个有趣的故事。

当时，江苏昆山有个大收藏家周凤来（1523—1555），为了给母亲做七十大寿，把大画家仇英请到家中，专心画《子虚、上林图卷》。周凤来对仇英，岁奉千金（一千两银子），饮馔之丰，逾于上方（宫廷）。月必张灯，集女伶歌宴数次。无怪十洲（仇英）惨淡经营，精心制作。

周凤来曾收藏过一幅赵子昂书《般若经（心经）换茶诗》，后来不慎遗失。按理说来，他家遗失一幅赵子昂的字，也不是什么了不起的事。但是，周凤来信仰佛教。因佛教称梦、幻、泡、影、露、电为“六观”，遂以“六观”名堂，并自号“六观居士”。赵子昂写心经向和尚交换名茶，除了字好、诗好，还有一个故事好。因此，耿耿于怀，不能忘却。就请大书画家文徵明写一幅《心经》。文徵明聚精会神，以摹仿《黄庭经》的工整小楷，为周凤来写了《心经》。之后，周凤来又请仇英画了

[图8-11] 明·仇英《汉宫春晓图》(局部)

这一幅《赵孟頫写经换茶图》。

从画面看，时令是夏天，松下石案，一儒一僧，面对面坐于石案两侧的藤编圆墩上。两人都热得坦下外衣，露出内衫。儒者四五十岁，略胖，有须髯。头侧向右，似在思索。右手执笔，左手据案。案上抻纸，置有墨砚各一。一小壶，似供水磨墨用者。另端，有两卷已装裱好的书画。和尚也约五十岁，双目注视纸上，似在等赵孟頫落笔。

仇英系油漆工出身。油漆工的人物画，有的比画师更佳。仇英把这一技艺带到纸绢上来，所画人物十分逼真、生动，实是他的长处。但一旦和文人画家接触多了，把他们要求脱掉“匠气”，要求“仿古”的意见吸入脑际，见诸行动。显然，这幅《换茶图》是后期仿古的作品。我觉得，对仇英的艺术成就来说，“仿古”着实是“不仿”好。试把此图的赵孟頫与《汉宫春晓图》(图8-11)中那个为嫔妃画像的画师作一比较，我认为是画师好多了。

仇英(1493—1560)，只活了六十七岁，周凤来则只活了三十二岁。周死后数年，文徵明写《心经》、仇英画《换茶图》的“文、仇合璧卷”，则归王世懋所有了。

# 清　李鱓《烹茶图》

[图8-12]　清·李鱓《烹茶图》

李鱓（1686—约1762），字宗扬，号复堂、懊道人、苦李等，扬州兴化县人，工诗书，善画山水、花鸟，早期作品比较工致，书法也属董其昌一路。曾供奉内廷数载，作品《四季花卉卷》，被载入清宫藏品著录《石渠宝笈》，并得到朝廷中大画家蒋廷锡、高其佩的指点。但在康熙末年，李鱓遭人猜忌，被排挤离开宫廷。至乾隆三年（1738），被选任山东临淄知县，后因忤大吏罢归。晚年至扬州卖画，为“扬州八怪”之一。吸取林良、徐渭等人画风，每以破笔泼墨作画，用笔挥洒自如，泼墨酣畅淋漓，“纵横驰骋，不拘绳墨，而多得天趣”。

这幅《烹茶图》（图8-12），选自他晚年所画《花鸟册》，画破芭蕉扇一把、梅花一枝、紫砂壶一把，茶已泡在壶中。画上题字：“峒山秋片，茶烹惠泉，贮砂壶中，色香乃胜。光福梅花开时，折得一枝，归吃两壶。尤觉眼、耳、口、舌，俱游清虚世界，非烟火人可梦见也。花溪有此稿，李鱓少变其意。”

峒山秋片，好茶；惠山泉水，好水。好茶好水相烹，还得贮之于好器——紫砂壶中，才能色、香、味俱全。这样还不够，还得有一个最佳时令才来喝此好茶。什么最佳时令呢？即至光福山赏梅并折得一枝归来，心旷神怡，然后连喝两壶佳茗，觉眼、耳、口、鼻、舌，无不舒畅，犹似卢仝所谓：“蓬莱山，在何处。玉川子，乘此清风欲归去。”这种飘飘欲仙的感受，是尘俗之人难得享受，难以梦见的。

李鱓自称此图是根据“花溪”的画本而“少（稍）变其意。”“花溪”当指明末清初的长洲（苏州）人周荃，字静香，号花溪老人，工书画，善山水、佛像，花鸟虫鱼，各得大意。周荃传世作品较少，也不知他的《烹茶图》原本如何。但李鱓的这篇题字，简直是一篇短小精悍的茶论，认为喝茶不仅要好茶、好水、好器，还要有个好时。

简简单单一幅画，配上好题，便成妙构，给人以遐想，这正是中国画的绝妙之处。

# 清　蒲华《供茶图》

新中国成立初期，我在杭州收购到6幅蒲华的屏条。我从杭州调到新安江水电站工地时，6幅只带出一幅，其余已不知去向。而带在身边的一幅，恰恰是与茶文化有关的《供茶图》（图8-13）。

这是一幅长条形的画，下面画着两株灵芝，一把茶壶。这壶不像是景德镇的瓷壶，也不像是宜兴的陶壶，而是像民间常见的瓦壶。我是喝瓦壶茶长大的，在我印象里，瓦壶茶喝起来特别凉爽，特别解渴。瓦壶有个别名叫"啊呀壶"，因为它容易打破、磕破，主人叫一声"啊呀！"壶就破了。因此农民下田，不大带瓦壶，而带葫芦壳、排竹筒，不容易破。

茶壶后面，画着一块长条、盘曲的文石，瘦、绉、漏、透、丑，尽得其妙。石后映茶花。娇红茶花，已开三朵。蓓蕾四个，含苞待放。

蒲华工诗，常常即景题画，妙趣横生。这幅《供茶图》，画了芝、壶、石、花，全靠一首诗把它们有机地、巧妙地串连起来。诗为：

茶味宜尝谷雨前，茶花真比赤霞妍。采芝歌里人如鹤，荣辱无齐作散仙。

你不要小看瓦壶，里面装的可是"雨前"茶。品尝起来，令人飘飘欲仙。茶味清香，茶花红艳。还有灵芝，采自深山。品茶、赏花、采芝……如此人生，超凡脱俗，其乐无穷，还求什么功名，做什么七品官？无得失之心，无荣辱之累，又与地仙有何区别呢？这仙是谁？这仙是作画的我，这仙是赏画的你，这仙更是画中钦奇磊落的那块石头。与天地同寿，比玉圭、金尊更美！

蒲华（1830—1911），原名成，初字竹英，后字作英，号胥山野史，清秀水（嘉兴）人。出身贫贱，少时做过庙祝，在搞迷信活动"扶乩"中扶过沙盘，备尝人间辛酸。但能读书应举，考取过秀才。转而学习书画，至上海卖书画为生。蒲华长吴昌硕十二岁，交情甚深。两人曾合作，一画梅，一画竹。吴昌硕题"岁寒交"，蒲华题"死后精神留墨竹，生前知己许寒梅。"蒲死后，吴为其《芙蓉庵燹余草》作序，有云："作英蒲君为余五十年前之老友也，晨夕过从，风趣可挹。尝于夏月间，衣粗葛，橐笔三两枝，诣缶庐。汗背如雨，喘息未定，即搦管写竹石。墨渖淋漓，竹叶如掌，萧萧飒飒，如疾风振林，听之有声，思之成咏。其襟杯之洒落，逾恒人也如斯。"

蒲华好画竹，一干通天，叶若风雨。画山水树石，也元气淋漓，不守恒蹊。他对作品不自矜惜，不计润金多寡。以其易得，反不为当时所重。曾游日本，日本人称他的画作为“天马行空”，颇为推重。

蒲华的书画声誉，新中国成立后越来越高。1985 年，浙江人民美术出版社出版大型《蒲华》画集，我的《供茶图》也被征集。由于蒲华的作品以竹子为多，像《供茶图》的内容，颇为罕见，所以被制为彩色版。以后，此图又为多种介绍蒲华的画册转载。

我对蒲华的书法造诣十分推崇。蒲华自称书法学吕洞宾（嵒）、白玉蟾（葛长庚）。其实是故玄其说，只不过吕、白被人称为神仙的缘故。他的书法传统少，独创多，往往行云流水，奇趣横溢。我曾写过一首《蒲作英是今怀素》的长诗，后半首云：“画固堪为海派先，书更飘逸称独步。盘曲犹似千古藤，弹张疑是钢铁铸。断钗、屋漏真功夫，坠石、崩云胜脱兔。诡言师事白玉蟾，实从二王传意趣。采取百家集众长，张狂、米颠最相悟。胸罗万象何萧森，一朝喷薄若鲸怒。如此成就如此书，独无评家相吹嘘！我欲为之大声呼：蒲作英是今怀素！”

[图8-13] 清·蒲华《供茶图》

# 近代 金城 《痴云馆试茶图》

[图8-14] 近代·金城《痴云馆试茶图》

金城去世仅80余年，市场上已很少见到他的作品。即有，也是一般作品，不是精品。但我所藏《痴云馆试茶图》(图8-14)，却是件难得的精品。

从右面开始，画山坡，道路。有松树七株，曲折掩覆。下有平地，竹篱茅舍。茅舍一正一斜，正面草堂敞开，桌椅圆凳，两人对坐闲话。近处有一童子，正煽炉火煮茶，供宾主品尝。

竹篱内外，有新培丛篁，幽森灌木，山岩重叠，显得密不通风。与中段不同，左侧远山数重，环平湖如镜。其上题一行字："痴云馆试茶图。北楼金城画于京师。"

金城(1878—1926)，原名绍城，字巩北，一字拱北，号北楼，又号藕湖，浙江吴兴人，从小喜欢绘画，并工书、篆及古文词。后留学英国，获法学博士学位。归国任大理院推事(审判官)。辛亥革命后，任众议院议员、国务院秘书。建议将热河行宫、奉天行宫所藏金石书画运至北京，于故宫武英殿成立"古物陈列所"。得尽览所藏，手摹心追，画艺大进。所画山水宗南宋马远、夏珪，人物宗唐寅、仇英，花鸟近恽寿平。他在仿古的基础上，不断创新，自成一家。

金城还于1910年创建中国画学研究会，并筹设中日绘画联合展览会，在两国轮流展出。1926年7月，从日本返华，旅途劳累，旧疾复发，死于上海，年仅49岁。为了继承金城发扬绘画的遗志，他的儿子、弟子，成立了湖社画会。由于金城号藕湖，社友200余人，皆以"湖"为号。如柳湖秦裕、镜湖吴熙曾、柘湖惠均、饮湖刘光城……还出版《湖社月刊》，多至100期。

从《痴云馆试茶图》看，金城的画风十分严谨，构图十分别致。由于手卷是狭而横长的空间，他就把近景、中景、远景作自右至左的横向式展开。而把全画重点放在草堂的主客对话、主客待茶上面。由于这是一幅命题画，要画的是痴云馆主人的“试茶”。真正的痴云馆在哪里？在北京，在浙江的某个县，还是在农村，在山区？在传统的中国画里，这是无关紧要的。我估计真正的痴云馆在县城，是一座砖木结构的楼房，主人是一个40来岁的知识分子，绝不是古装的老头。中国画讲的是意境，你要我画痴云馆试茶图，我就根据我自己的感受，把你的痴云馆设计成山水幽绝、不食人间烟火的一座草堂。你要试茶，我就把你和你的朋友画成宽袖大袍，头发梳成一个螺髻的老头子。空间移到幽绝的山坳，时间推到唐、宋，让你与陆羽、苏轼为伍，这就是中国画的魔法，中国画的神奇。

20世纪50年代，黄宾虹得知有个书画收藏家收购了他的画，很高兴，就画了幅《桥西买画图》送给收藏家。是一幅斗方式的画，只画一敞开式草堂，有张桌子，宽袖大袍的两个人物，一个在卖画，一个在买画。桥西指杭州柴垛桥的西面，那草堂其实是一家裱画店，卖画的叫王吉民，买画的叫叶梦庚。当时都是我的朋友，现在都作古了。但不知《桥西买画图》是否还在人间？

金城的《痴云馆试茶图》未写创作年份，但应当是他在世的最后一二年画的。因为，相伴此图的还有一张同样大小的引首（图电8-15），是潘飞声写的。大字作“痴云馆试茶图”，复有较小的字：

平生七碗量，欢喜到君家。五月虎林客，来烹龙井茶。丁卯十一月，七十岁潘飞声。

后钤二阴文章：“潘飞声”、“天外题诗”。开头处复有一阴文闲章“茶癖”。丁卯年即1927年，金城已过世。如果写引首离作画不会过久，则作画应在1926年或1925年。

潘飞声（1857—1934），字兰史，号老兰，广东番禺人，工诗，曾游历欧洲，所谓“天

[图8-15] 近代·潘飞声书《痴云馆试茶图》引首（局部）

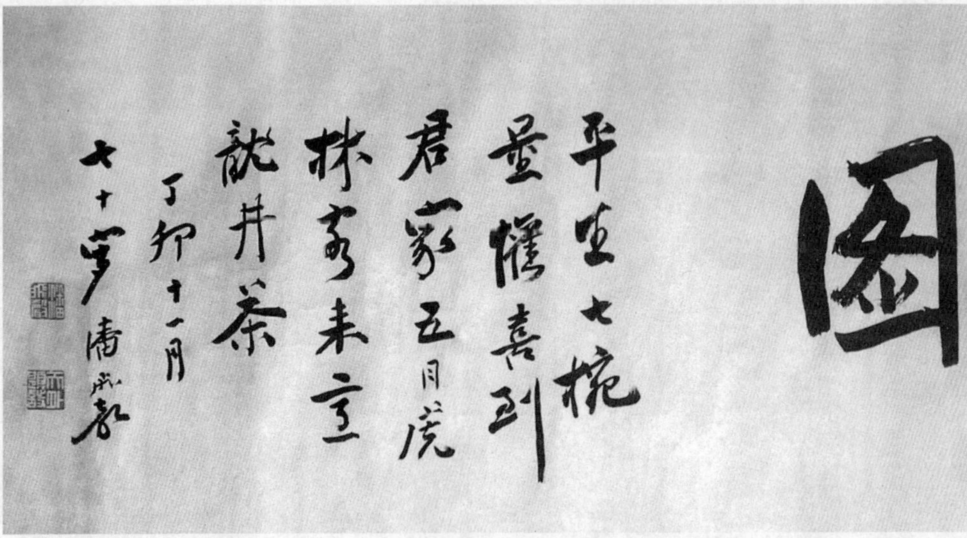

外题诗”，指曾出国作诗。工书法，晚年也画梅花。他自称是个“茶癖”，题诗也称“平生七碗量”，自比于卢仝。他喜欢于五月份就到杭州（虎林，即武林）痴云馆主人家尝新出的龙井茶。看来，痴云馆主是个杭州人了。

这幅《痴云馆试茶图》是个朋友送给我的。20世纪50年代，我国第一个大型水电站——新安江水电站上马，我在《新安江报》社当编辑，主要负责编党、团、工会工作和文化生活、副刊的稿子。有个测量工姚诗鸣，喜欢给副刊写稿，画速写之类的图画，和我较熟悉，谈话也很投机。后来，一起调离新安江，又一起调去造临安的青山水库、奉化的横山水库。有一次他到衢州看祖父，他的祖父是个书画收藏家。他向祖父要书画，祖父说：“你年纪还小，先给你两张吧！”祖父给他的两幅画，一幅是任薰画的池塘、鸭子；还有一幅就是金城的《痴云馆试茶图》。他把金城的一幅，连同潘飞声的引首，送给了我。“文化大革命”开始后，我从奉化调到江山造峡口水库，成了“运动员”。想不到的是，比我年轻得多，一直做工的姚诗鸣，也成了“运动员”。我挺过来了，他没挺过来，竟在深山里跳崖自杀了。

我想找到姚诗鸣的祖父或父亲，竟连线索也没有。因为我搞不清他们姓啥。据姚诗鸣生前告诉我，他是跟妈妈姓姚的。妈妈在“反右”时与爸爸离了婚。正确点说，我连姚诗鸣的爸爸姓啥也不知道，只有一点，他爸爸被开除公职，买了一台旧车床，给人们车配机械零件。

我不喝酒，只能以茶告慰姚诗鸣的在天之灵！

# 第九编

# 茶具

# 唐朝皇帝的茶具

在中国茶文化的实物资料中，能得到一只清三代的茶盏、一把明代的宜兴陶茶壶，已经是很不容易的了。现在居然得到了唐代的茶具，而且是皇帝御用的、整套的茶具，实在是值得大书特书的了。

这套茶具是1987年于陕西扶风县法门镇法门寺地宫中发掘清理出来的。法门寺相传创建于东汉桓、灵之际，至唐代，成为供奉释迦牟尼真身指骨的四大著名寺院之一。由于其他三处均遭毁坏、湮没，遂于法门寺开凿地宫，安置佛骨，并建塔其上。唐武后、中宗、肃宗、德宗、宪宗，都曾开启地宫，迎佛骨至宫中瞻仰。唐武宗灭佛，捣毁地宫。懿宗、信宗，重修地宫，并赏赐大量金银宝器及供养物品。

明朝隆庆年间（1567—1572），法门寺塔年久失修，终于坍毁，有僧发誓重建宝塔，以铁锁锁在自己的肩胛骨上，化缘集资，感动众多善男信女，重建一座砖塔。“文化大革命”时，红卫兵大破“四旧”，发掘地宫，复有一僧油浇自身，焚烧抗议，吓得红卫兵停止挖掘。1981年8月，久雨后砖塔坍毁，住持澄观法师目睹惨状，当即瘫倒在大雄宝殿月台上。国内外佛教信徒闻讯致电，敦促修复。陕西省人民政府于1986年决定重建。

[图9-1] 唐·鎏金银茶碾

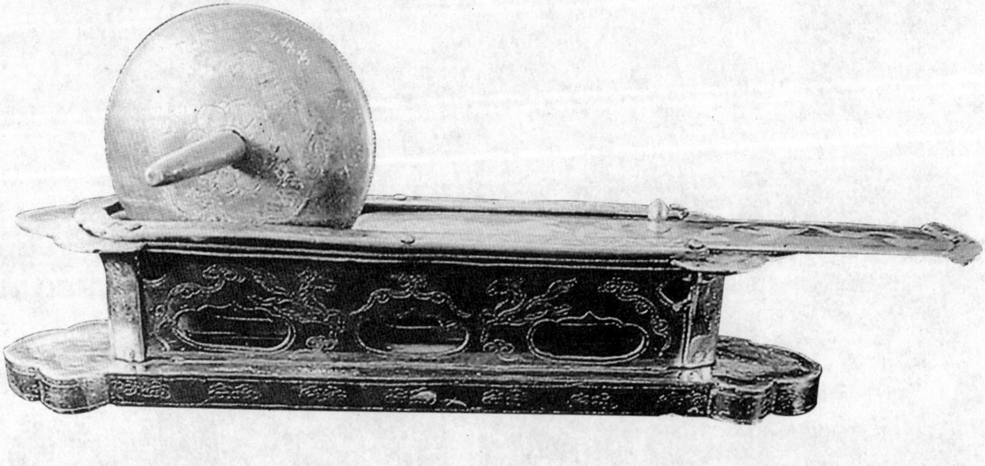

[图9-2] 唐·盛茶末用鎏金银盒

[图9-3] 唐·贮放茶饼的鎏金银笼子

法门寺地宫自唐懿宗咸通十五年，即唐僖宗乾符元年（874）封闭后，沉睡了一千一百十三年，至1987年重新打开。出土除佛骨外，有金银器121件，琉璃器20件，玉器珠宝近400件，瓷器17件，石雕、石刻12件，漆木杂器19件，还有大量纺织品、经卷、铜钱。

让我们来专门谈谈其中的皇室茶具，主要有：

茶碾。据陆羽《茶经》，用来碾细茶叶的碾用木料制造。碾内圆外方。圆利于运转，方可防倾侧。木堕（碾砣）形似车轮。法门寺出土的茶碾系银制鎏金（图9-1），錾花作流云、鸿雁、飞马、宝莲纹饰。茶碾不但外方，还有个底座，更加不会倾侧。上面还有块可从槽内滑进的盖板，不用时可以盖起来，以防尘污。形似铁饼的堕上，装有手柄，与药碾差不多。药碾至今仍在使用，但多用脚踩。碾上下及盖板的两头，都装有长出的如意头，可以增加稳定性，也增加美观。在宋代人的图画里，已不用碾，而是用小石磨加工茶末。

茶罗。陆羽讲到用来筛茶末的茶罗，是用大竹片弯成圆形，装上细纱。其形制与农村习见的纱筛无异。唐皇室用的茶罗十分高级，呈方盒形，银制鎏金。所錾花纹盒顶为飞天女仙，盒边为仙人驾鹤，均有流云相映。罗纱装在盒中，下有抽斗，可接茶末。筛好后可将茶末取出，倒入茶盒。

茶盒。陆羽提到的罗合是盖、罗、合三节相连。茶末罗细后，即取去中间部分，把盖盖到盒上，贮放茶末。合以竹节或木器制造。犹记20世纪30年代，民间给三四岁儿童使用的饭碗，多用竹节或木制，总称“木碗”。唐皇宫使用的茶盒，银制鎏金（图9-2），呈菱花形，底有圈足。盒上錾双狮纹饰。盒边有缠枝花纹，十分华丽。

贮放茶饼银笼。陆羽《茶经》提到一种放茶叶的茶笼叫簩筤；又有一种放茶饼的设备叫育。对皇宫来说，进贡来的都是已成型的茶饼。法门寺地宫出土的金银器中，有一件供放茶饼的鎏金银笼子（图9-3），圆柱形，有四足，有柄、有盖。柄连于两侧耳内，笼盖也以细

[图9-4] 唐·越窑青釉茶碗

[图9-5] 唐·黄绿色琉璃茶碗

链连于柄上。笼身作镂空连续金钱纹，并镶有飞鸿。其形制似从民间竹编笼子转化来的。

茶碗。陆羽认为茶碗的质量“越州（图9-4）上，鼎州次，婺州次……”但当时宫廷有一种高级的琉璃茶碗，可能陆羽连看也没有看到过。法门寺出土茶具中，就有黄绿色琉璃茶碗（图9-5），下面还有茶托。据《资暇集》：唐建中年间（780—783），蜀相崔宁的女儿，嫌茶碗烫手，用碟子衬垫。又嫌碟子易使茶碗倒翻，逐步改进，终于创制出按碗底凹进的茶托。后世茶托的圆周，比碗略小。从这副琉璃碗托看，还是托比碗大，还带有托从碟演变而来的痕迹。

法门寺出土的茶具还有鎏金三足银盐台、鎏金银叠盒、鎏金银箸（火筴）、鎏金银茶匙等。许多器物上有“五哥”的划痕或墨书。僖宗是懿宗的第五个儿子，即位时才十三岁。在立为太子前，宫中称为“五哥”。可见这些茶具是他供奉的。

# 宋　建窑兔毫盏

宋蔡襄《茶录》称："茶色白，宜黑盏。建安所造者，绀黑，纹如兔毫，其坯微厚,熁之久热难冷，最为要用。出他处者，或薄，或色紫，皆不及也。其青白盏，斗试家自不用。"为什么说点茶、斗茶最适用黑色茶盏而不用青色、白色的茶盏呢？原来，宋时点茶、斗茶的关键在于看白色的汤花（茶的泡沫）是否咬盏？汤花是否覆盖盏面？是否露出汤花下的茶汤？为了容易分辨水痕，衬托白色汤花，自然最宜黑盏而不宜青白盏了。

兔毫盏（图9-6）系福建建阳水吉镇建窑所产，进贡朝廷，作为宫廷御用茶盏。当时即受达官贵人珍藏。蔡絛《铁围山丛谈》即称："伯父君谟（即蔡襄）尝得水精（晶）枕，中有桃花一枝，宛如新折；茶瓯十，兔毫四散其中，凝然作双蛱蝶状，熟视若舞动，每宝惜之。"

当时，有个日本僧人，从浙江临安天目山得到一只建窑黑釉兔毫盏，带回日本。日本人名之为"天目盏"，视为国宝。现日本东京国立博物馆即藏有建窑黑釉兔毫盏，束口，小底，矮圈足，口沿一圈镶银边。除底外，通体施黑釉。釉面满布褐黄色条缕斑纹，釉色晶黑光亮。外壁施釉不到底，近底部聚釉一圈较厚。露胎圈足呈黑褐色。

据现代对建窑遗址的发掘报告，兔毫盏以黑釉或黑褐色釉为底色，其间闪现出黄褐、灰、灰白、青、蓝乃至金黄等混合而成的各种色彩，民间称之为"金兔毛"、"银兔毛"、"黄兔毛"、"蓝兔毛"等。除兔毫纹，还有油滴斑纹，按不同颜色，称"金油滴"、"银油滴"等。纹样呈圆形的，称"鹧鸪斑"。

[图9-6]　南宋·建窑兔毫纹黑釉茶碗

# 茶具十二先生

陆羽《茶经》，称制茶的工具为“茶之具”，有灶、釜、杵臼等十六种；称烹茶的器皿为“茶之器”，有风炉、火荚、碾、罗合、碗等二十五种。后世有的淘汰，有的合用，至明代时，“茶之具”、“茶之器”的界限也逐渐泯没，总称“茶具”，主要的有十二种。朱存理有《茶具图赞序》，审安老人将十二种茶具拟人化，给他们取出姓名、字号，还各给一个宋代的职称（图9–7）。在清陆廷灿的《续茶经·茶之图》中，又给这十二种茶具各作赞语。

这些称谓、赞语，虽然均属文字游戏，但可以看出古代文人对茶事、茶艺的重视和关怀，寓意和美化，特予集中录出，并作必要的附注：

朱存理《茶具图赞序》：饮之用必先茶，而制茶必有其具。锡具（赐给茶具）姓而系名，宠以爵（官职），加以号，季宋之弥文（按宋末礼制）。然精逸高远，上通王公，下逮林野，亦雅道也。愿与十二先生周旋，尝山泉极品，以终身此间富贵也，天岂靳（吝惜）乎哉！

审安老人茶具十二先生姓名（为求明白易懂，将茶具名称先附于前，赞语分列条末）：

（竹茶笼）韦鸿胪（职掌朝祭礼仪）文鼎，景旸，四窗闲叟。赞：祝融（火神）司夏，万物焦烁，火炎昆冈，玉石俱焚，尔无与焉。乃者不使山谷之英堕于涂炭，子与有力矣。上卿之号，颇著微称。（指及时采茶，免于枯萎。）

（木椎）木待制（职在轮值宫廷，典守文物）利济，忘机，隔竹主人。赞：上应列宿（星宿），万民以济，禀性刚直，摧折强梗，使随方逐圆之徒，不能保其身。善则善矣，然非佐以法曹，资之枢密，亦莫能成厥功。

（茶碾）金法曹（职掌司法）研古，元锴，雍之旧民；铄古，仲鉴，和琴先生。赞：柔亦不茹，刚亦不吐，圆机运用，一皆不法，使强梗者不得殊轨乱辙，岂不韪与（岂不善哉）！

（石磨）石转运（职掌运输）凿齿，遄行，香屋隐君。赞：抱坚质，怀直心，哜嚅英华，周行不怠。斡摘山之利，操漕权之重，循环自常，不舍正而适他，虽没齿无怨言。

（葫芦水杓）胡员外（即员外郎，职在各部郎中之次）唯一，宗许，贮月仙翁。赞：周旋中规而不逾其间，动静有常而性苦其卓。郁结之患悉能破之，虽中无所有，而外能研究，其精微不足以望圆机之士。

（茶罗）罗枢密（中枢要职）若药，传师，思隐寮长。赞：机事不密则害成，今高者抑之，下者扬之，使精粗不致于混淆，人其难诸。奈何矜细行而事喧哗，惜之。

（棕茶帚）宗从事（大官僚属）子弗，不遗，扫云溪友。赞：孔门高弟，当洒扫应对，事之末者，亦所不弃，又况能萃其既散，拾其已遗，运寸毫而使边尘不飞，功亦善哉！

（漆雕茶盏托）漆雕密阁（尚书郎）承之，易持，古台老人。赞：危而不持，颠而不扶，则吾斯之未能信。以其弭执热之患，无坳堂之覆，故宜辅以宝文而亲近君子。

（陶制茶碗）陶宝文去越，自厚，兔园上客。赞：出河滨而无苦窳、经纬之象，刚柔之理，炳其绷中（充实于内），虚己待物，不饰外貌，位高秘阁，宜无愧焉。

（水瓶）汤提点（职掌司法水利）发新，一鸣，温古遗老。赞：养浩然之气，发沸腾之声，以执中之能，辅成汤之德，斟酌宾主间，功迈仲叔圉。然未免外烁之忧，复有内热之患，奈何？

（竹制茶筅）竺副帅善调，希默，雪涛公子。赞：首阳饿夫，毅谏于兵沸之时，方今鼎扬汤，能探其沸者几稀。子之清节，独以身试，非临难不顾者，畴（谁）见尔。

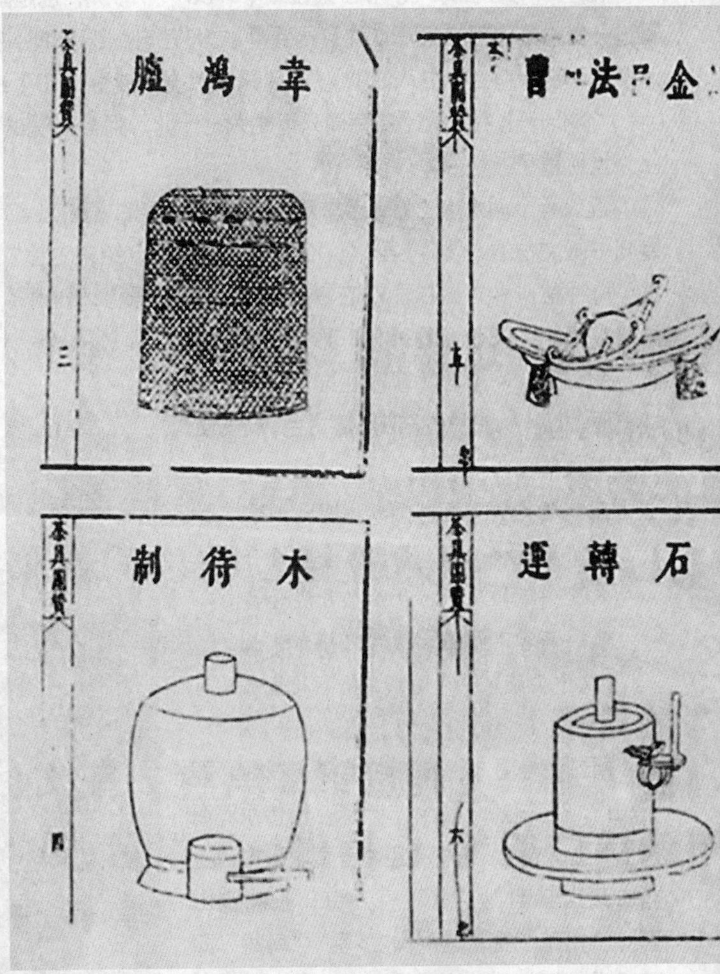

[图9-7] 茶具十二先生图（部分）

（茶巾）司职方（兵部有职方司）成式，如素，洁斋居士。赞：互乡童子，圣人犹且与其进，况端方质素，经纬有理，终身涅而不缁（品德高尚，染不黑）者，此孔子之所以与洁也。

# 清　沈存周锡茶壶

沈存周，字鹭雝，浙江嘉兴人，与朱彝尊（1629—1709）同时，友好。工诗，善书，尤以制锡壶闻名于世，包浆水银色，光可鉴人。在壶上刻诗、书款、刻印，即世之工书、篆者不能过。

乾隆年间著名诗人、书画家钱载（1708—1793），也是嘉兴人，写过一首《戴仪部文灯斋饮沈存周锡斗歌》，有句："只如此斗方口酌酒多，环镌杜甫《饮中八仙歌》。""款记康熙岁庚戌（1670），是时仆（我）龄才十一。"钱载比沈存周只迟生六七十年，但当时沈的锡制品已为世所重了。

近代有个湖州人王修，字季欢，收藏文物甚富，曾在上海创办过专刊书画文物的《鼎脔》画报。1934年，他襄助余绍宋主编《东南日报》特种副刊《金石书画》，在9月15日的创刊号上，刊出了他收藏的沈存周制锡茶壶（图9-8），形制古雅，嘴直，底有三足，可能是为了防止壶底过热时烫坏桌面油漆。从图片看，似黑漆古色，十分光亮。壶面刻有行书长诗：

蔟蔟新英摘露光，小红园里火前尝。
吴僧漫说鸦山好，蜀叟休夸鸟觜香。
入座半瓯轻泛绿，开缄数片浅含黄。
鹿门病客不归去，酒后更知春味长。

《汉中尝茶》沈存周书（款下及壶底均有印）。

所刻诗是唐郑谷的《峡中尝茶》。"雅山"即"鸦山"，在安徽郎溪县南，产茶。俗传系鸦衔茶子而生，故名。宋梅尧臣《答宣城张主簿遗鸦山茶次其韵》："昔观唐人诗，茶韵鸦山嘉。鸦衔茶子生，遂同山名鸦。""鸟觜"即"鸟嘴"，茶名。唐薛能《蜀州郑使君寄鸟觜茶因以赠答八韵》："鸟觜撷浑牙，精灵胜莫邪。""鹿门"，山名，在湖北襄阳。后汉庞德公携妻子登鹿门山，采药不返。后遂指隐士居处。

诗刻得很好，使刀如笔，也属难能。

[图9-8]　清·沈存周锡茶壶

# 紫砂茶壶

明人《茶说》:“器具精洁，茶愈为之生色。今时姑苏之锡注，时大彬之沙壶，汴梁之锡铫，湘妃竹之茶灶，宣、成窑之茶盏，高人词客、贤士大夫，莫不为之珍重。即唐、宋以来、茶具之精，未必有如斯之雅致。”

所谓“砂壶”，即宜兴紫砂壶，用紫色陶土制成。明时，陶土中杂有粗砂，据说透气性好，故名“砂壶”。后世已用精炼陶土，不复有砂，但仍称“紫砂壶”。

明朝正德年间，有书生吴颐山读书于宜兴金沙寺。书童供春，见寺僧取陶土制缶，即用其余土制壶。传世的供春壶，据说只有一把仿古杏树瘿而制的树瘿壶是真的。此壶清末归苏州大收藏家吴大澂，已缺壶盖，由当时制壶名手黄玉麟配上一个南瓜蒂形的壶盖。后归储南强所有，大画家黄宾虹见到，认为瓜蒂盖不伦不类，遂由制壶高手裴石民重制一盖，有纽似灵芝。此壶藏中国历史博物馆。

继供春而起的制壶名家为时大彬，据说时大彬制壶，开始时形制较大。南京博物馆即藏有一把时大彬制的提梁大壶，造型古朴厚重，上小下大，泥质系栗色粗砂土掺以黄色砂土，成金黄色斑纹，颇为美观。后时大彬游娄东，接受了陈继儒等大家的品茶理论。陈继儒认为:“独饮得茶神，两三人得茶趣，七八人乃施茶耳！”张源认为:“独饮曰神，二客曰胜，三四曰趣，五六曰泛，七八曰施。”即，一起品茶的人不能过多，五六个就过于泛滥，七八个简直像搞慈善事业的夏季施茶了。既然品茶只宜独饮、或二至三四人，则茶壶不宜太大，时大彬遂改作小壶，以迎合时人的品茶风尚。“壶小则香易聚，壶大则味不佳。”美国旧金山亚洲美术博物馆藏有一把时大彬的瓜棱壶，藏壶红木盒内有一纸记载:“时大彬为陈眉公（继儒）制小瓜壶，癸酉（1933）得自松江张氏，甲戌装，乙亥怀希记。“怀希”是上海大藏家龚心钊的字号。

1984年，无锡甘露乡于明华师伊墓葬中出出一把时大彬制紫砂壶。浅褐色，闪烁浅黄色颗粒。壶身球形，下有三个乳头形矮足；壶盖贴塑四瓣对称的如意云头纹，盖纽如珠，中有出气小孔；把梢下有“大彬”二字楷书款。此壶高仅11.3厘米，也是小壶。

制壶名家，代不乏人，但至清朝嘉庆初年，名家较少，壶式陈旧，且改手捏为模制，致壶艺衰落。幸有陈鸿寿出任宜兴县宰，大力倡导，得使“壶艺中兴”。陈鸿寿（1768——1822），字子恭，号曼生，清钱塘（杭州）人。嘉庆六年（1801）拨贡，工书画篆刻，受浙江巡抚阮元赏识，后任江苏淮安同知，溧阳、宜兴县宰等职。

陈鸿寿爱茶爱壶，任宜兴县宰后，公余之暇，辨别砂质，创制新样，供名匠杨彭年、邵二泉等制壶。兴之所至，亲自奏刀，刻制壶铭，落曼生款印，世称“曼生壶”。但一般壶铭，多由幕僚、清客江步青（听香）、高垲（爽泉）、郭麐（频迦）等人刻铭。

陈鸿寿创制过多少种新的紫砂壶式样？李景康《阳羡（宜兴）砂壶图考》称十八式。但他自己讲到过的，就有二十余式。还有人说有三十八式。我想，陈鸿寿只有一任（三年）县宰，公务繁忙，岂能专事壶艺？只不过是后人景仰陈鸿寿，把新式样都归到他的头上去了。

紫砂壶之佳者，贡入朝廷。清康熙时，命造办处在紫砂壶上加绘珐琅彩，二次低温烘烧，人称“宫廷紫砂器”（图9-9、9-10）

[图9-9] 清·康熙朝加绘珐琅彩紫砂壶

[图9-10] 清·康熙朝彩釉紫砂碗

# 清宫瓷茶具

瓷制茶器，历代均有。唐陆羽《茶论》，引晋杜毓《荈（茶）赋》："器择陶（同窑）拣，出自东瓯。"并注："瓯，越州也。"故陆羽认为："越州上，鼎州次，婺州次；岳州上，寿州、洪州次。"

到了清朝的康，雍、乾三代，瓷器得到空前的发展。瓷制茶器精益求精，现予择要介绍：

瓷茶叶罐　台北故宫博物院藏有两只雍正年间的瓷茶叶罐，一为单色冬青釉，鼓腹，平盖。通体莹洁，光亮似玉。自肩至底，弧线十分流畅自然。一为腹部画青花折枝花果，肩部画如意头，底部画宝莲花瓣。底部不收敛，可贮更多的茶叶。

中国茶叶博物馆藏有一对乾隆年间的贮茶瓷器。腹部均为四方形，上有圆口，加盖。一为豆青釉，青翠欲滴，腹部一面凸印梅花，另一面凸印风荷，均作白色。一口、颈不上釉，肩部及四方体腹部以青花釉里红绘通景山水人物，并有树石、飞鸿。一般讲，茶叶罐是指圆筒形的器皿；这两只贮茶瓷器是方形的，似应叫茶瓶。据说这两只乾隆时代的茶瓶，是从海外回流的。

珐琅彩瓷茶器　珐琅彩器由外国传教士引进中国，深受康熙皇帝喜爱，命在宫内成立珐琅作，制作各种不同胎质的珐琅器。雍正皇帝亲自评定珐琅彩瓷的质量优劣。并以紫砂茶壶、茶碗为式样，命人制作珐琅彩瓷茶器。无论是胎釉、彩绘，都有较大发展。成品以茶壶、茶钟、茶碗为多。茶钟、茶碗的形制是一样的，都是碗，为啥叫法不同呢？原来，在宫廷档案中，不仅有茶钟、茶碗，还有汤碗、膳碗、饭碗。是按口径大小不同而叫法各异。茶钟口径约10厘米，茶碗约11厘米，汤碗约13.5厘米，膳碗约15厘米；高度则基本相同。乾隆朝的珐琅彩瓷数量较多，但质量略逊，画面则比较多样。如图9-11系雍正年间白地珐琅彩瓷碗，上绘锦鸡，五色牡丹。又如图9-12，系乾隆年间红地珐琅彩瓷碗。上绘白番团花，上下有白色回纹边。

粉彩茶器　粉彩一名软彩，以玻璃白打底，加绘彩色，借用国画用粉及渲染技法，再经烘烤成器。色彩丰富，色调淡雅柔和。粉彩出现于康熙晚期，极盛于雍正，乾隆时品种更多。嘉庆时，各种瓷器由盛转衰。但宫廷用的粉彩茶具，依旧不少。如图9-13，系嘉庆朝粉彩开光御制诗文绿地堆花茶壶、茶盘。诗文作：

佳茗头纲贡，浇诗必月团。
竹炉添活火，石铫沸惊湍。
鱼蟹眼徐飏，旗枪影细攒。
一瓯清兴足，春盎避轻寒。
嘉庆丁巳小春月之中浣　御制

[图9-11]　清·雍正珐琅彩瓷碗

[图9-12]　清·乾隆朝珐琅彩瓷碗

[图9-13]　清·嘉庆帝御制诗茶壶、茶盘

# 第十编

# 茶肆

# 唐朝茶肆

唐朝封演，蓨（河北景县）人，以贡举官至吏部郎中，兼御史中丞。所著《封氏闻见录》，语必征实，足资考证。此书卷六提到："茶，南人好饮之，北人初不多饮。开元（712–741）中，泰山灵岩寺有降魔师，大兴神教。学禅务于不寐，又不夕食，皆许饮茶。人自怀挟，到处煮饮。从此转相仿效，遂成风俗。起自邹、齐、沧、棣，渐至京邑。城市多开店铺煎茶卖之。不问道俗，投钱取饮。其茶自江淮而来，色额甚多。"

《封氏闻见录》的这条记载，的确十分重要。他不但说明了唐代饮茶的兴起，流传路线，更重要的是说明在许多城市已开设茶铺，煎茶卖之。京城的茶，来自江、淮，品种，数量都很多。不论身份，均可"投钱取饮"，十分方便。

20世纪60年代，范文澜主编的《中国通史简编》，于《唐朝经济·盐茶等税》中，也首先引用了《封氏闻见录》的这条记载。

唐文宗大和九年（835），大臣李训，郑注，王涯等（图10–1）密谋杀尽专权宦官仇士良、鱼志弘等。事泄，反为宦官所杀，这就是著名的"甘露之变"。据《旧唐书·王涯传》，事发时，王涯正与同事会食，还没下箸，忽有属吏来报："有兵自阁门出，逢人便杀。"涯等仓惶逃出，"至永昌里茶肆，为禁兵所擒。"可见，当时在宫廷、官署附近，即有茶肆。

宋初由李昉等编纂的《太平广记》卷三百四十一有《韦浦》条：唐朝有个叫韦浦的读书人，从寿州赴京候选，在中途旅馆里，遇到一个自称叫归元昶的人，愿做他的佣人。行十余里，"憩于茶肆"，刚好有牛车数十也来休息，解辕放牛吃草。归元昶暗中使牛生病，然后治之，获得报酬，"乃买茶二斤，即进于浦。"最后，韦浦弄清归元昶是鬼所变。这个神话，原载《河东记》。神话内容，价值不大；但他说明：唐时旅次已有茶肆，不但可供很多旅客喝茶，同时出售茶叶，以供旅客旅途使用，或作礼品送人。

[图10–1] 唐三彩文官俑

# 五代茶肆

说来也巧，我写《唐代茶肆》，引用了《封氏闻见录》；现写《五代茶肆》，要引用的是《邵氏闻见录》。两书仅第一字“封”、“邵”不同。

《邵氏闻见录》的作者邵伯温（1056—1134），字子文，河南洛阳人，是宋代著名理学家邵雍（字尧夫，谥康节）的儿子。邵雍虽隐居不仕，但与当时著名政治家、学者司马光、吕公著、富弼等过从甚密，因而此书所记，较为可信，受到后世重视。

[图10-2] 五代·后梁太祖朱温

《邵氏闻见录》卷七，以较多文字记述范质故事。范质，字文素，宗城人，五代后唐时进士。主考官和凝，颇爱其文，对范质道：你的文章，应冠多士。因我自己是第十三名及第，就把你屈居十三名，“欲君传老夫衣钵耳！”范质觉得这比第一名还光荣。

后汉乾佑三年（950），后周太祖郭威举兵进攻后汉，京师大乱。范质隐于民间，“一日，坐封丘巷茶肆中。有人貌怪陋，前揖曰：‘相公无恙？’时暑中，公所执扇偶书‘大暑去酷史，清风来故人’诗二句。其人曰：‘世之酷史冤狱，何止是大暑也。公他日当深究此弊。’因携其扇而去。”后来发现来茶肆和他谈话的是一庙中土偶，扇子正在土偶手中。

又是一个神话故事。但据历史记载，五代时刑法十分残酷，盗窃绢三匹以上处死，犯强奸处死。特别是后汉，窃盗钱一文以上处死，犯人动则被抄家、灭族。周太祖郭威出身贫苦，读过一些书，知道民间疾苦。他网罗人才，范质受到重用。范质“首建议律条繁广，轻重无据，吏得以因缘为奸。周祖特诏详定，是为《刑统》”。

这条史料，不仅说明范质制订《刑统》，功劳卓著，大大减轻了人民的痛苦。更加说明，五代时的茶肆，是文人消闲谈天的公开场所。五代短短五十四年，却有五个王朝（图10-2）。变换之快，真同走马灯一样。见怪不怪，因而即便是在改朝换代的兵乱之中，茶肆还能照常营业，招徕顾客。

# 宋朝茶肆

宋陈师道（1053—1102），字履常、无已，号后山居士，徐州彭城（徐州）人，少时学文于“唐宋八大家”之一的曾巩，为江西诗派代表。著作中有一部《后山谈丛》，记载当时政治大事及文人逸事，颇有史料价值。此书卷五有《太祖以蜀宫画图赐茶肆》条：

五代十国时，后蜀的宫廷书画家较多，作品也多。宋太祖赵匡胤打垮后蜀后，后蜀名贵书画运至京都汴京。太祖看到书画后，问其用途，侍从回答，系供人主赏玩。太祖道：“独览孰若使众观耶！”遂赐东华门外茶肆。

这条史料说明：开国之君，来自民间，懂得“独乐乐不如众乐”；但他的后裔徽宗赵佶，爱好书画，爱好声色犬马，比后蜀还厉害，结果成了北宋的亡国之君。

这条史料更说明，宋时京都茶肆，有的规模较大（图10-3），悬挂名人书画。据孟元老《东京梦华录》等书记载，汴京茶坊，多集中于御街过州桥、朱雀门外街巷、潘楼东街巷等处。在长约十余里的马行街上，“各有茶坊、酒店，勾肆饮食”。

南宋吴自牧的《梦粱录》，记述南宋京城临安（杭州）的风俗、艺文、建置、物产，范围广泛，材料较为可靠。卷十六的《茶肆》条，分类叙述临安的大小茶肆。高级的茶肆，“插四时花，挂名人画，装点店面。”“列花架，安顿奇松异桧等物于其上。装饰店面，敲打响盏歌卖。”“响盏”可能即“响觥”，是古代的一种乐器。说明高级的茶楼，不但装饰花卉、盆景，悬挂名人字画，还奏乐唱曲，招徕客人。“四时卖奇茶异汤，冬月添卖七宝擂茶、馓子、葱茶，或卖盐豉汤；暑月添卖雪泡梅花酒，或缩脾饮、暑药之属。”

《梦粱录》提到：“又有茶肆尽收眼底是五奴打聚处。”“五奴”即龟奴。“大街有三五家开茶肆，楼上专安着妓女，名曰‘花茶坊，如市西坊南潘节干、俞七郎茶坊，保佑坊北朱骷髅茶坊，太平坊北首张七相干茶坊。盖五处多有吵闹，非君子驻足之地也。”

那么，哪里是可供“君子”驻足的茶肆呢？“……大街车儿茶肆、蒋检阅茶肆，皆士大夫期朋约友，会聚之处。”可能这些茶肆虽不豪华而较清静，便于三朋四友，品茗清谈。

茶肆中，“亦有诸行借工卖伎人会聚行老，谓之‘市头’。”这种

“市头”茶肆，可能在杭州一直流传，犹记新中国成立初期，新辟光复路，成为集散旧货的早市。天刚放亮，买卖拥挤。路旁有一小茶馆，专供买家转让书画、瓷器等文物。他们讲话，袖中划码，讨价还价。

南宋时还有一种茶楼，“多有富家子弟、诸司下直等人会聚，习学乐器，上教曲赚之类，谓之‘挂牌儿’”。富家子弟，游手好闲，想学奏乐、唱曲，礼聘在宫廷、衙署献艺的高手，于不值班时，到茶楼教学。茶楼以此聚客，还将名角挂牌，犹时下药店，请名医坐堂，也挂牌也！“上教曲赚”，“曲”是乐曲，“赚”也是乐曲的一种，又名“不是路”，散板与定板交错应用。

《梦粱录》还说：“夜市于大街有车担设浮铺，点茶汤以便游观之人。”车担的流动茶铺，于宋人图画中也能见到。除了车担，还有手提茶壶卖茶的小贩。“巷陌街坊，自有提茶瓶沿门点茶。”

总之，在南宋时，到处有茶肆、茶贩。各式人等，对号入座，十分方便。

[图10-3]　宋·张择端《清明上河图》中的茶肆、酒楼

# 南宋凉水

南宋吴自牧的《梦粱录》、周密的《武林旧事》，都是宋末遗民怀旧之作。缅怀往事，殆犹黄粱一梦。青灯永夜，回忆旧事，犹似昨日。两书都是记述临安的风俗习惯，人文往事。但由于记述角度不同，内容迥异。世之论书者，认为两书可互为表里。

《梦粱录》提到，南宋临安茶肆"暑天添卖雪泡梅花酒或缩脾饮、暑药之属"。可见，到了夏天，茶肆除了卖茶，还供应时令冷饮。《武林旧事》卷六有《凉水》条，列述了当时的冷饮名称：

甘豆汤　椰子酒　豆儿水

鹿梨浆　卤梅水　姜蜜水

木瓜汁　茶水　沉香水

荔枝膏水　苦水　金橘团

雪泡缩皮饮　梅花酒　香薷饮

五苓大顺散　紫苏饮

所列十七种凉水（冷饮）中，茶水只是一种。其余最多的是水果汁调料，有椰子、鹿梨（山梨）、梅子、木瓜、荔枝、金橘六种；其次，药用植物（图 10-4）冲剂，有香薷、苓、紫苏三种；豆类，二种；调味品，二种；香料，一种；干花，一种。还有一种"雪泡缩皮饮"，当即是《梦粱录》所提到的雪泡"缩脾饮"。我手头的《武林旧事》是20世纪初期进步书局的石印巾箱本，于"雪泡缩皮饮"下，原注"宋刻缩脾"。奇怪的是，无论是"缩脾"还是"缩皮"，各种辞书，均无从查考。我只能推测：

据《管子》："五味者何？曰五脏酸主脾，咸主肺，辛主肾，苦主肝，甘主心。"则此种饮料又凉又酸。故名"雪泡缩脾饮"。

据宋珏诗句："公思瞰尤物，一事颇燥脾。"至今浙东口语，称"快活"、"可口"为"燥脾"。故有可能"缩脾"系"燥脾"之同义词。

文写至此，经次子为我从因特网中查到，《宋·太平惠民和剂局方》中有《宋·太平惠民和剂局方》中有"缩脾饮"配方：

缩砂仁、乌梅肉（净）、草果（煨，去皮）、甘草（炙）各四两。干葛、白扁豆（去皮、炒）各二两。

缩砂仁，似指捣碎的干杏仁。草果，即草豆蔻。干葛，或指葛粉。

这几味药物、食物煮制成的饮料，喝起来味道酸甜，口感较好。我原先猜测测的“酸主脾”、“燥脾”，仍似均在意中。

“缩脾饮”作为方剂，当是防暑降温，去痧解瘚。

又，杭州地区，在南宋时夏日不可能得到冰雪。“雪泡”二字，当指这种饮料表面略呈白色，犹似雪泡而已。

[图10-4] 中草药图谱

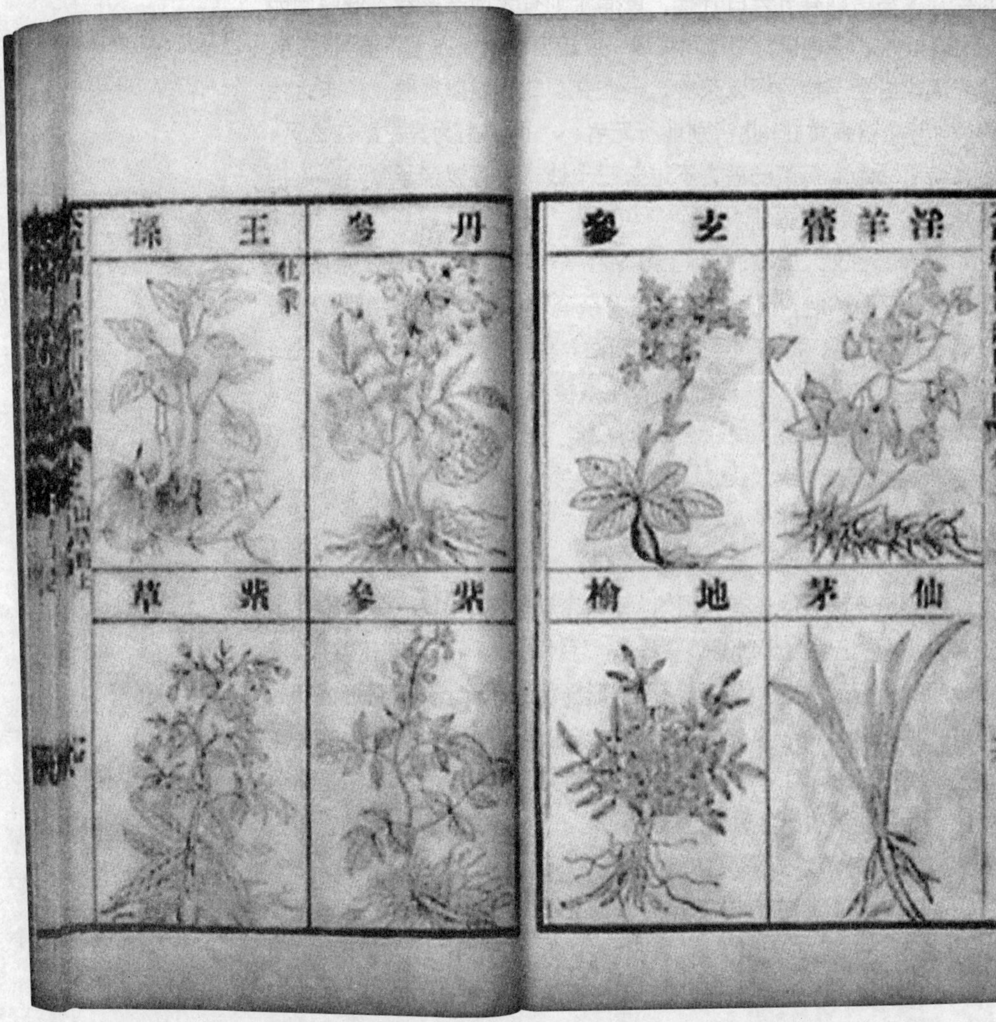

# 近代上海茶楼

清朝末年，上海日益繁华，茶楼甚多。池志澂《沪游梦影》："上海茶室闻创始于一洞天，其后继之者，丽水台最为著名……今则四马路之一层楼、万华楼、升平楼、菁华楼、乐心楼更驾而上之，而五层楼更为杰出。余尝偕友人登五层楼之顶，俯视其下，见夫轿如风，人车如走马，马车如飞龙，如滚波涛，如千万军旌旗摇闪而过。其人如蚁聚……尝回顾友人而嘻曰：'吾闻古神仙立云端，下视尘寰，殆亦若是耶？'若夫石路则有百花锦绣楼，宝善街则有阳春烟雨楼，大马路则有五云日升楼，黄浦滩则有天地一家春，城中庙园则有湖心亭、得意楼，或高阁临风，或疏窗映水，亦无不器具明洁，清光璀璨。至于松风阁以茶胜，一壶春、载春园以地胜，广东之怡珍、同芳居以装潢胜，此皆别地所无者……而沪上为宾主酬应之区，士女游观之地。每茶一盏，不过二三十钱，而可以亲承款洽，近挹丰神，实为生平艳福。"

清末著名文人王韬，曾称上海湖心亭一带，"园中茗肆十余所，莲子碧螺，芬芳欲醉，夏日卓午，饮者杂沓"。湖心亭环境幽雅，茶资最高，文人雅士，都喜欢至此品茗闲话。写小说《海上繁华梦》的海上漱石生孙家振，曾有一诗咏湖心亭茶楼：

湖亭突兀宛中央，云压檐牙水绕廊。
春至满阶新涨绿，秋深四壁暮烟苍。
窗虚不碍蒹葭补，帘卷时闻荇藻香。
待到夜来先得月，俯看倒影入银塘。

到湖心亭喝茶的还有外国人。爱狄密勒曾在《上海——冒险家的乐园》一书中记述自己到湖心亭喝茶："我们一人叫了一碗花露茶。这古代的茶馆真有一些古色古香……奇形怪状的杯子上刻着奇形怪状的花纹，偻背的老头子靠着跷脚的鹿（当是老寿星和曲脚卧地的梅花鹿），弯弯曲曲的花（缠枝花卉）衬着点点划划的字。我原本来是不识货的，后来听人告诉我，杯子上的字是：'大富贵亦寿考'和'三星高照，五福临门'。好彩头！"

有人统计，上海在1919年时，有茶楼一百六十四家。据陈无我《老上海三十年见闻录》（约成书于1928年）记载，先是英租界范围内，即有茶楼六十六家。有观乐词人将著名茶楼串连成词《鹧鸪天》：

[图10-5] 清·上海茶馆第一楼火灾图

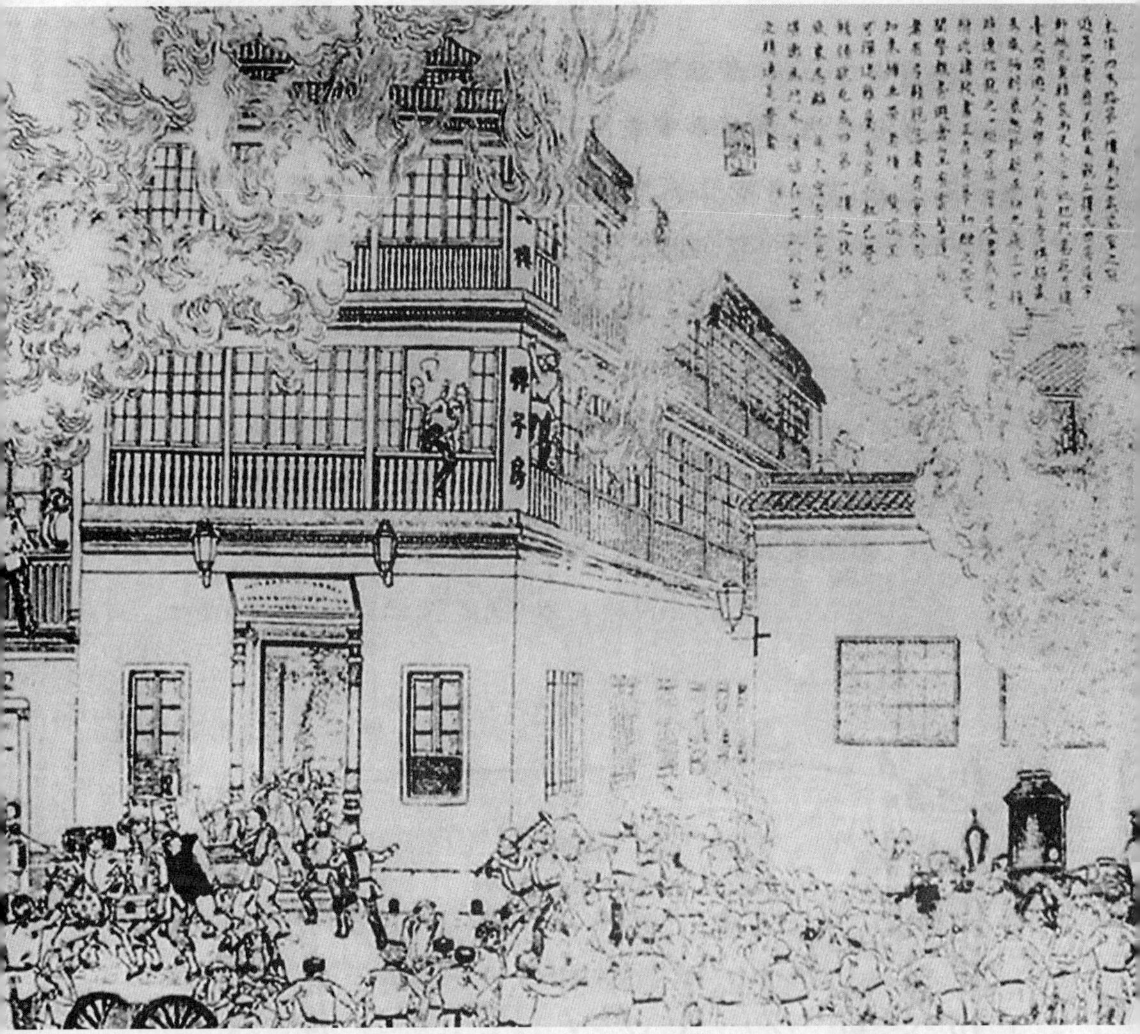

四海升平引凤来，三元同庆百花开。沪江第一青莲阁，风月长春得意回。

金风阙，玉龙台，五层楼峙白云隈。玉壶春向洞天买，碧露龙泉乐亦该。

创刊于1884年的《点石斋画报》，曾刊出过《第一楼灾》(图10-5)其说明文字为：

本埠四马路第一楼，为各处茶室之冠。游其地者，靡不叹为观止。楼凡四层，屋宇轩敞，几案精良，而又介乎枇杷门巷、花月楼台之间，游人每乐就之，故生意称极盛焉。盛极则衰，忽于新正月初九夜三下钟时，遭祖龙（火神）之一炬，可怜华屋尽成焦土。附近诸校书（妓女）正在香梦初酣之际，突闻警报，奔避仓皇，有云髻蓬松者，有弓鞋脱落者，有穿衣忘扣、束裤无带者…………种种惊慌，不可殚述。虽属香花小劫，已觉憔悴欲死。或曰：第一楼之扶梯，厥象为“离”，“离”为火，宜有此厄。仆于堪舆风水为门外汉，姑存其说，以质世之精通是学者。

# 茶担

在宋代画家传世作品中，即有挑着担子卖茶的图像。在宋吴自牧《梦粱录·茶肆》中更提到："巷陌街坊，自有提茶瓶沿门点茶。"上自王侯将相，下至贩夫走卒，人人都会口渴，人人都要喝茶。不同档次的人物，至不同档次的茶楼喝茶，少钱的，只能喝担头茶、大碗茶。

有一幅清代人画的茶汤担子（图10–6），据说虽名"茶汤"，其实卖的是"茶汤面"，可以随时冲成糊状，撒上白糖，孩子们很爱吃。至于现代画家蒋兆和画《卖茶小子》（图10–7）肯定是卖大碗茶的了。上面有题字："甘露何时降，小子卖苦茶。"现在，已看不到茶担了，大热天，代之以卖棒冰。我是在

[图10-6] 清代茶汤担子

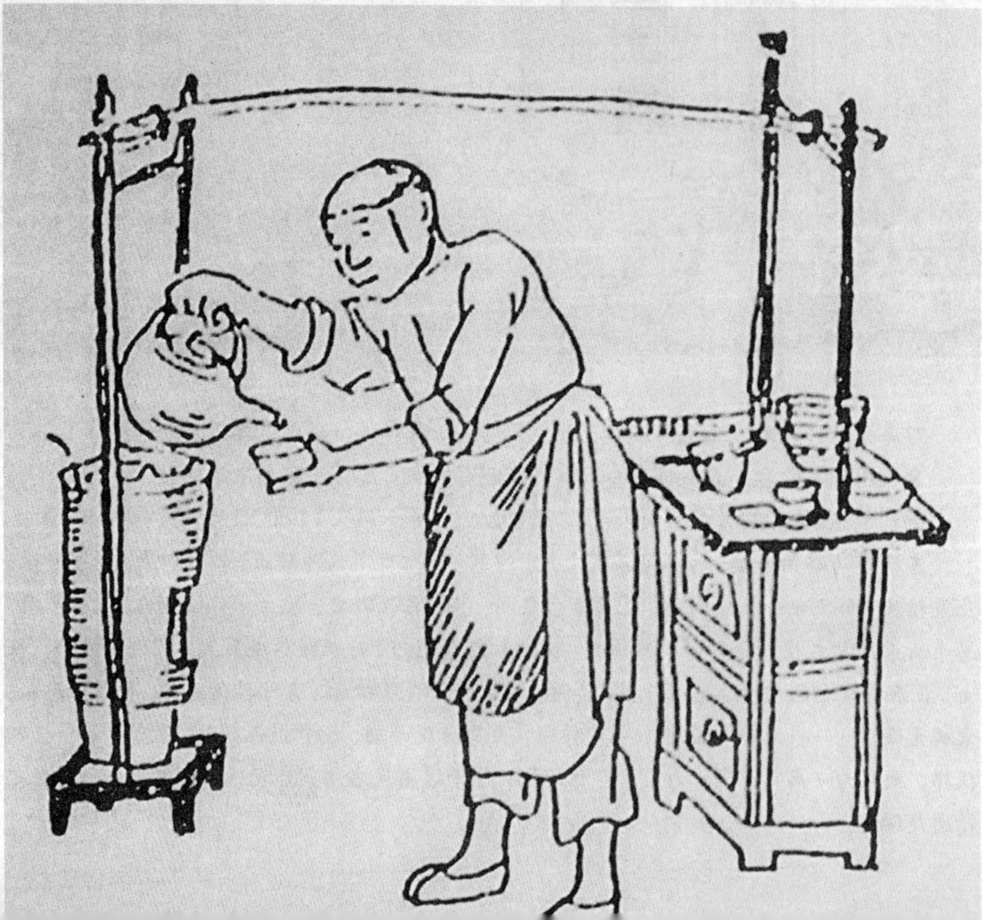

[图10-7] 现代·蒋兆和《小卖苦茶子》

农村长大的，抗日战争前，到过嵊县（嵊州），脑子里记忆最深的，就是喝到过“荷兰水”。那水从绿色的盘成一圈圈的玻璃管子里流出来，喝在嘴里又凉又甜又香，对孩子们真有很大的诱惑力。“荷兰水”，顾为思义，应是来自荷兰国的水，最近我查了一本新中国成立前出版的《辞海》，才明白“荷兰水”就是碳酸水，就是汽水。我在1947年二十岁时才在杭州吃到棒冰，现在的孩子听来，是难以理解的了。

旧社会搞慈善事业，最多的是修桥铺路，还有在大路中间造一座路亭，供过路的人息脚。造路亭时，往往买下几亩田，租给管路亭的人种，由他冬日生火盆、夏日施凉茶，方便行人。火盆供行人取暖，或点火抽旱烟。凉茶盛在木桶里，供行人用特制的长柄竹勺舀着喝。茶是用粗茶叶泡的，有点苦，但很解渴。有的不用茶叶，用“六月霜”泡茶水。“六月霜”是一种采自山区，略似麻杆的植物，整把烧泡成茶水，喝入口中，比凉茶还凉，十分解渴。在平地，五里、十里，便有路亭；但在山区，走二三十里也没路亭，也无人烟。1942年至1945年，老家东阳沦于日寇，中学搬入山区。这三年，刚好我读初中。到校，回家近则七十里，远则九十里，多走山路。口渴了，只有喝冷水。最好是找一个山脚边冒出渗水来的“冷水孔”，用双手捧起冷水喝入嘴里，其感受，当似醍醐琼浆。

农村往田间送茶，供劳动者解渴，多用黑色瓦壶装茶。瓦壶里的茶，喝起来要比瓷壶、锡壶、陶瓶装的茶凉快。民间送茶又有排竹筒。用竹子扎成的筏，民间称“排”。为使竹筏能浮而又身轻，大毛竹外面，用刀削成六角形。竹筏用久破损，只好拆掉。没破部分，可改制成“排竹筒”，用以盛茶，送至田间。排竹筒一般有三节竹子。第一节开小方孔，供注茶、喝茶。然后用铁条捅开一至二节、二至三节的间隔，使茶能装两三节竹子。

现在，“六月霜”已成旧梦，“排竹筒”该送博物馆了。

# 第十一编

# 茶泉

# 何处中泠泉?

唐陆羽能辨别“扬子江南零水”，李德裕也能辨别“金山下扬子江中零水”。两个故事，同一种水，即中泠泉，又名中零泉、中濡水。地在江苏镇江市金山寺以西约一里的石弹山下。唐朝时，此地处长江旋涡之中，很难汲取。苏东坡有诗句：“中泠南畔石盘陀，古来出没随涛波。”

[图11-1] 镇江中泠泉

沧海桑田，河流变迁。到明朝时，已搞不清中泠的明确位置。陈继儒《偃曝（晒太阳）余谈》云："金山中泠泉，又曰龙井，水经品为第一。旧尝波险中汲，汲者患之（害怕）。僧（金山寺和尚）于山西北下穴一井，以绐（骗；一本作"给"）游客。又不彻堂前一井，与今中泠相去又数十步，而水味迥劣（很差）。按泠一作零，又作濡。《太平广记》：李德裕使人取金山中泠水。苏轼、蔡肇并有中泠之句。杂记云：石碑山北谓之北濡，钓者余三十丈。则中泠之外，似又有南零、北濡者。《润州类集》云：江水至金山，分为三泠，今寺中也有三井，其水味各别，疑似泠之说也。"

清朝康熙年间，张潮（山来）从明末清初文人著作中，辑出《虞初新志》20卷，卷16有一篇潘介（幼石）的《中泠泉记》，记述自己寻找中泠泉的经过，颇为详细，现予扼要叙述：

"舟中望金山，波心一峰，突兀云表，飞阁流丹，夕阳映紫。踌躇不肯艤舟（靠岸停泊）；但不知中泠一勺，请澈何所耳。次日觅（雇）小舟，破浪登山。周石廊一匝（绕岛一圈），听涛声噌吰，激石哮吼。迤逦从石磴，陟第二层，穿茶肆中数圻，得见世所谓中泠者，瓦亭覆井……细啜之，味与江水无异……仰观石上，苍苔剥蚀中，依稀数行（字），磨刷认之，乃知古人所品，别在郭璞墓间。其（汲取之）法于子、午二辰（时辰，即半夜、中午），用铜瓶长绠（绳）入石窑中，寻若干尺，始得真泉。若浅深先后，少不如法，即非中泠正味……郭公爪发（郭璞坟墓），故在山足西南隅，洪涛巨浪中。乱石峋嶙，森森若奇鬼异兽，去金山数武（六尺为步，半步为武）。而徘徊踯躅，空复望洋（兴叹）……越数日，舟自澄江还。同舟（有个自称）憨道人者，有物藏破衲（道袍）中，琅琅有声，索视之，则水葫芦也。"文中介绍"水葫芦"是个直径半尺，高约一尺的铜瓶，有盖有环，并有铜丸可以调节重心。"是夕上元节（正月半），雨后迟月出不见，然天光初露，不甚晦冥。鼓三下（三更），（我与憨道人乘）小舟直向郭墓。石峻水怒，舟不得泊。携手彳亍，蹑江心石五六步，石窾洞洞然。道人曰：'此中泠泉窟也。'取葫芦沉石窟中，铜丸旁镇，葫芦横侧，下约丈许。道人发绠上机，则铜丸中镇，葫芦仰盛。又发第二机，则盖下覆之，笋合若胶漆不可解。乃徐徐收铜绠，收视之，水盎然满。亟旋舟就岸，烹以瓦铛（壶），须臾沸起，就道人瘿瓢（用木瘿做成的水勺）微吸之，但觉清香一片，从齿颊间沁人心胃。二三盏后，则薰风满两腋，尘襟涤净。乃喟然曰：'水哉！水哉！古人诚不我欺也'……次日辰刻，道人别去，余亦发棹（船）渡江。而邻舟一贵介，方狐裘箕踞，命俊童敲火煮井上中泠未熟也。"

现在的镇江中泠泉（图 11-1）已成旅游胜地，无用涉险。

# 古人品水

唐江州刺史张又新《煎茶水记》(图11–2)记载刘伯刍对江淮一带七处水的品评高下。刘伯刍，字素芝，进士，洛州广平(河北永年)人，杜佑辟为节度府判官，后任给事中、刑部侍郎，他的品水次第为：

长江南零水第一
无锡惠山寺石水第二
苏州虎丘寺石水第三
丹阳县观音寺水第四
扬州大明寺水第五
吴淞江水第六
淮水最下第七

《煎茶水记》又述品水二十处，据说是湖州刺史李季卿得之陆羽口授：

庐山康王谷水帘水第一
无锡县惠山寺石泉水第二
蕲州兰溪石下水第三
峡州扇子山虾蟆口水第四
苏州虎丘寺石泉水第五
庐山招贤寺下方桥潭水第六
长江南零水第七
洪州西山西东瀑布水第八
唐州柏岩县淮水源第九
庐州龙池山岭水第十
丹阳县观音寺水第十一
扬州大明寺水第十二
汉江金州上游中零水第十三
归州玉虚洞下香溪水第十四
商州武关西洛水第十五
吴淞江水第十六
天台山西南峰千丈瀑布水第十七
郴州圆泉水第十八
桐庐严陵滩水第十九

雪水第二十

这一说法，颇多可疑之处;（一）据《唐书》陆羽本传，李季卿宣慰江南时，与陆羽闹过矛盾，甚至陆羽自号“季疵”以记恨，何至口授品水次第。（二）张又新自称读过一篇《煮茶记》，内说李季卿于扬子驿巧遇陆羽，李云：“陆君善茶盖天下，扬子江南零水又殊绝，今者二妙千载一遇，何旷之乎！”遂命取水煮茶。何以又将“长江南零水”列为第七?（三）既然陆羽品“长江南零水”为第七，何以刘伯刍又品为第一?（四）陆羽《茶经》明明说：“其水，用山水上，江水中，井水下。”何以口授的二十处又多江水、井水?

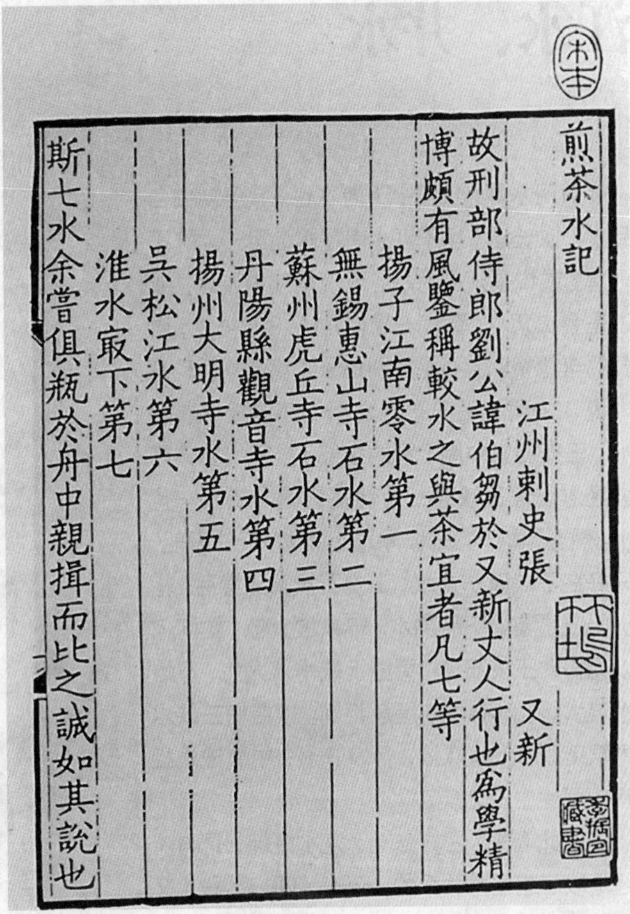
煎茶水記
江州刺史張又新
故刑部侍郎劉公諱伯芻於又新丈人行也爲學精
博頗有風鑒稱較水之與茶宜者凡七等
揚子江南零水第一
無錫惠山寺石水第二
蘇州虎丘寺石水第三
丹陽縣觀音寺水第四
揚州大明寺水第五
吴松江水第六
淮水冣下第七
斯七水余嘗俱瓶於舟中親挹而比之誠如其說也

[图11-2] 宋版唐张又新《煎茶水记》

对品水的各种矛盾之说，明朝的陈继儒早提出过。他在《太平清话》里说：我尝过中泠，“劣于惠山，殊不可解。后考之，乃知陆羽原以庐山谷帘泉为第一。”但陆羽《茶经》明明说：’‘瀑泻’湍急者勿食。’今此水瀑泻湍急无如矣，乃以为第一何也？”

按目前通行本《茶经》：“其瀑涌湍漱，忽食之，久食令人有颈疾。”犹记20世纪40年代，老家东阳半壁沦于日寇，逃难至山区，每见有患颈部巨瘤者。民间传说：“误食混有猴尿之水，即患此疾。”其实是山区少吃鱼虾，缺碘引起甲状腺肿瘤。可能《茶经》所称“颈疾”，就是此病。

清初著名文人王士禛，是山东新城（淄博市桓台县）人，他在《古夫于亭杂录》里说：唐刘伯当、陆羽“二子所见，不过江南数百里内之水，远如峡中虾蟆碚之水，才一见耳。不知大江以北，如吾郡发地皆泉，其著名者七十有二，以之烹茶，皆不在惠泉（无锡惠山泉）之下。”

总之，古人见闻有限。无论是刘伯刍、陆羽，都是一已之见。把他们的品水意见奉为圭臬，争辨不休，实属没有必要。

# 江水、井水

[图11-3] 明·仇英《松亭试泉记》

黄河水浑，长江中下游水也浑。唐刘伯刍品水，以长江（扬子江）南零水为第一，殊不可解。或说是江中急水，或说是江中漩涡，或说是金山泉水，莫衷一是（图11-3）。据说，唐朝的李德裕、陆羽能辨别扬子江南零水；又有人说，宋朝的王安石能辨别长江瞿塘中峡的水。王安石患中脘（胃的中部）疾病，要苏东坡经过长江三峡时，为他在瞿塘中峡汲一瓮水。船至下峡，苏东坡才想起此事，无法返船，只好在下峡汲一瓮水。王安石煮茶品尝后，指出所汲是瞿塘下峡的水。苏东坡大惊，忙问何以见得？王安石道：瞿塘上峡水流太急，下峡水流太缓，唯有中峡缓急相间。以瞿塘三峡水煮阳羡茶，上峡味浓，下峡味淡，中峡浓淡相宜，可治中浣之疾。

由此看来，古人认为，江水好坏，是与流经地段、速度有关系的。还有，同一地段，又与深浅有关。即，如将江水切一横断面，当以圆心为好。

我想，江水好坏，当然是与水的清浊有关。钱塘江的上游是东阳江、衢江、新安江，流经桐庐时，有七里泷，因此有严子陵钓台，故也名严陵濑。唐张又新《水记》即曾提到："过桐庐江，至严濑，溪色至清，水味甚冷，煎以佳茶，不可名其鲜馥也，愈（超过）于南零殊远（很多）。""溪色至清"，实属水质上好的关键。早在南北朝时，著名诗人沈约就写过《新安江水至清，浅深见底，贻京邑游好》："眷言访舟客，兹川信可珍。洞澈随深浅，皎镜无冬春。千仞写乔树，百丈见游鳞。沧浪有时浊，清济涸无津。岂若乘斯去，俯映石磷磷……"沈约要诚诚恳恳地告诉爱好旅游的朋友们，新安江真的很好玩。不论多深，都能看到水底；不论春天冬天，水面都像一面镜子。两岸乔木，映入水中。鱼游水中，如入树林。旁的江河，有清有浊，甚至干涸，不如到新安江来，可以俯视水底磷磷白石……唐朝的李白也写过："青溪清我心，水色异诸水。借问新安江，见底何如此？"1956年，我参与建设新安江水电站。每到冬季天冷时，就会看到江面覆盖着一层白色云雾，犹似弹得极松的棉花絮，十分好看。

李白问新安江："见底何如此？"我想新安江或许会回答：这是由于发源地及沿途多岩石，砂滩，少有污泥浊水的缘故。但是，江河之大，不捐细流，无论多清的水，污染肯定是难免的。1974年，我到天台县造里石门水库。大坝造在始丰溪上，工程处挑了个溪中的深水潭，抽水供应自来水，第二年夏日干旱，发现农田污水，都流向水潭，不得不到上游别找水源。其实也只是眼不见为净，上游的水不也会爱到污染的吗？总的一句话，江水不可能是煮茶，泡茶的好水。

无锡惠山泉，被品评为"天下第二泉"。在明朝文徵明的《惠山茶会图》里，惠山泉是口有八角形石井栏圈的水井，还覆着个茅亭。还有，在明末，张岱《陶庵梦忆·闵老子茶》里，也提到闵汶水的取惠山井，必于夜间先淘井，等新的泉水涌至，再予汲取。可见到明末时，惠山泉也还是口井。这口井的水为什么如此有名？原来，惠山泉水源于若冰洞，伏流为地下水，至唐朝大历年间（766–777）无锡县令敬澄命众开凿成井，水质清洌，遂成"天下第二泉"。

杭州的龙井，也是地下水汇集的泉水。明朝时，曾发现三国吴赤乌年间（238–251）的祈雨"投龙简"，可见龙井的历史十分悠久。龙井附近，盛产名茶，即称"龙井茶"。清乾隆皇帝南巡至杭州品尝龙井茶后，曾有诗句："龙井新茶龙井泉，一家风味称烹煎。寸芽出自烂石上，时节焙成谷雨前。"杭州有条大井巷，只是条弄堂，但著名的中药铺胡庆余堂、朱养心堂，乃至张小泉剪刀店，王大娘木梳店，都在这条小巷里。大井巷是以附近有口大井而命名。据《梦粱录》："吴山背大井，曰吴山井。盖此井系吴越王时，有韶国师所开，为钱塘第一井。不杂江湖之水，遇大旱不涸。"又据《西湖游览志》："吴山坊内有大井，周四丈。洪武初，参政徐本立石刻'吴山第一泉'五字，纪宋事于碑阴。"可见，大井也是集吴山之泉。

杭州是南宋首都，人口数十万，都是"凿井而饮"，古代杭州人造房子，天井里先挖地埋缸，称为"窨缸"。然后沿阶沿设阴沟，污水通向窨缸，当然会渗至地下。按现代挖井要求，三十米内不得有污染源。供大小便的马桶，是天天要洗刷的，民居密集，怎能不污至井水？所以，除了涌现泉水的有数的几个井，其余井水，都不可能汲出好水。"

# 泉水

记得有副对联："醴泉无源，芝草无根，人贵自立；流水不腐，户枢不蠹，业精于勤。"上联强调为人不要靠上辈荫庇，兄长提携，而要靠自我拼搏，自我成材。同样，甘甜的泉水，没有源流；灵芝仙草，有茎无根，都靠自己。其实，醴泉不是没有源流的，而是雨落山上，形成地下水，到低地喷薄而出。这样的水渗透过滤，未经污染，应比江水，井水洁净，更宜于煮茶。真如陆游诗句："囊中日铸（越中名茶）传天下，不是名泉不合尝。"（图 11–4）

同样是泉水，水质也有很大差异。《老残游记》第二回："到了济南府，进得城来，家家泉水，户户垂杨。"既是"家家泉水"，还能不受污染吗？

古人赞誉的名泉，有其独特地貌。传为天下第一泉的庐山康王谷谷帘泉，系集庐山大汉阳峰之水，至筲箕洼破土喷洒成瀑。北宋王禹偁诗："泻从千仞石，寄逐九江船，迢递康王谷，尘埃陆羽仙。何当结茅室，长在水帘前。"

传为天下第四的峡州虾蟆口水，在宜昌附近，扇子峡边，有一巨石似虾蟆，石穴有水流出，称虾蟆泉，颇宜煮茶。陆游有诗："巴东峡里最初峡，天下泉中第四泉。啮雪饮水疑换骨，掬珠弄月可忘年。"现石已毁，清泉犹在。

中国山多，泉也多。我定居金华二十年，金华的北山是石灰岩形成的，高而长，古称"长山"。洞多，泉也多。特别是冰壶洞，进洞顺石阶而下，忽见巨瀑从岩石中腾空而出，高达二十余米，复隐没于洞底乱石中，成为潜流，至著名的双龙洞口流出。双龙洞，外洞甚大，内洞则宽约丈余，水面离岩石高不盈尺，人卧小舟，方能进出。进洞后，豁然开朗，钟乳山，石笋到处均是。昔有"石胜太湖，水比三泉（金山，惠山、虎跑）"之称。近年，双龙洞至冰壶洞已打通，更便游览，泉水也成矿泉水。

南北朝梁时，著名学者刘峻，字孝标，晚年隐居金华北山，在一山洞里讲学，"吴、会（吴郡、会稽郡，即今江，浙一带）人士多从其学。"后世遂称此洞为"刘先生讲堂洞"，明徐宏祖的《徐霞客游记》里讲得清清楚楚。奇怪的是，我趁去北山避暑之便，找了两年，都没找到，直到第三年才从一摆摊老人口中打听到：此洞已因内塑白衣大

[图11-4] 清·金廷标《品泉图》

士（观音菩萨）而改名“白衣洞”。我冒暑寻进白衣洞，高燥宽敞，讲学是完全可以的。口渴得很，俯地从一石穴中舀水饮之，十分清洌。归来，我写了一首古风长诗《游讲堂洞怀刘孝标》结尾是这样写的：“洞口大字镌‘白衣’，斯文丧尽复何论！嗒然垂首抚古今，不幸我也读书人。心头郁热不能解，口中干渴欲焦唇。洞顶岩髓千年滴，水滴石穿下成穴。俯身且饮穴中水，暑气顿消凉气习。热血千年能化碧，先生英灵岂无迹？世人若饮穴中水，有何尘缘了不得！”

# 赵佶、弘历品水

李德裕是个唐朝贤相，没有什么不良嗜好，唯好喝茶。不但善于品茶，也善于品水。他喜欢用惠山泉煮茶，一度要地方官从无锡惠山运水，递送到京都长安供他煮茶。后经一个和尚劝说，才改用长安的井水。

宋徽宗赵佶，贵为皇帝，是个穷奢极欲的人，饮茶更是精益求精。但对煮茶的水，倒不要求递运，而有他自己的见解。他在所著《大观茶论》中，有一段专门论水：

水以清轻甘洁为美。轻甘乃水之自然，独为难得。古人品水，虽曰中冷、惠山为上，然人相去之远近，似不常得；但当取山泉之清洁者。其次，则井水之常汲者为可用。若江河之水，则鱼鳖之腥，泥泞之污，虽轻甘无取。凡用汤以鱼目、蟹眼连绎迸跃为度，过老则以少新水投之，就火顷刻而后用。

越信认为：唐朝人品水，以中冷、惠山为上，但相隔很远，不可能经常能够得到，还不如就地取材，选用山间泉水之未经污染者。其次，经常汲用的井水，也可应用。最差的是江水，有鱼鳖的腥气，泥浆的污染，即使合到“轻”、“甘”两个标准，也不能饮用。

赵信品水，有四个标准：“清”、“轻”、“甘”、“洁”。比起唐人的品水来，已有较大的进步。因为，唐人品水，只重产地，水源。一经论定名次，就深信不疑。而赵佶则注重自己用眼睛观察，用嘴巴品尝。欧阳修也说过，水味尽管有美恶之分，但把天下之水一一排出次第，无疑是“妄说”。蔡襄《茶录》也说：“水泉不甘，能损茶味。”唐张又新《煎茶水记》里把“雪水”排在最后一位，但宋赵希鹄在《调燮类编》里说：“雪水甘寒，收藏能解天行时疫一切热毒。烹茶最佳，或疑太冷，实不然也。”唐人没有提到“天落水”，宋人则提到“天落水”。苏东坡即说：“时雨降，多置器广庭中，所得甘滑不可名。以泼茶，煮药，皆美而有益。正尔食之不辍，可以长生。”

宋徽宗赵佶，是个“茶皇帝”，清朝的乾隆皇帝弘历，也是个“茶皇帝”。他要禅位，一班老臣依依不舍，奏请“国不可一日无君”，他信口对道：“君不可一日无茶”。赵佶品水注重“轻”，弘历品水也注重“轻”，而且更为具体。他命造办处特制一只银斗，用来量取各地名泉后称其重量。结果：北京玉泉水重一两，塞上伊逊之水也重一两，济

[图11-5] 清·张宗苍《悦性山房图》

南珍珠泉水重一两二厘，扬子江中泠水重一两三厘，无锡惠山泉水、杭州虎跑泉水各重一两四厘，苏州虎丘泉，北京西山碧云寺泉各重一两一分。因此，他定北京玉泉为“天下第一泉”。

弘历还在香山静宜院建试泉悦性山房，作为他品茗休憩的茶舍。画家张宗苍画了一幅《悦性山房图》(图 11-5)，弘历前后在这一图上题诗十三次，足见他对品泉的喜爱。

其实，泉水的轻重与水中的矿物质含量有关。而矿物质含量，有的有益人体，有的反而对人体有害，甚至形成地方病。随着科技的发展，我们已可通过化验，查清水质，决定应用与否，这是古人所难以想见的。

# 第十二编

# 茶谐

# 漏卮、水厄

[图12-1] 北周武帝像

据北魏杨衒之《洛阳伽蓝(寺院)记》：南北朝时(图12-1)，南齐的王肃，因父兄无辜被杀，遂北上投奔后魏，受到孝文帝重用。肃初到北魏时，不习惯吃羊肉、酪浆等物，而常吃鲫鱼羹，口喝则饮茗汁(茶水)，一饮一斗，时人称为“漏卮”，所谓“漏卮”，是指底部有孔的酒器，无法灌满。

过得几年，王肃慢慢习惯北方饮食。一天，参与皇帝宴会，王肃食羊肉酪粥甚多，帝怪而问之：“你是习惯南方口味的，羊肉何如鱼羹？茗饮何如酪浆？”王肃回答：“羊者是陆产之最，鱼者乃水族之长。所好不同，并各称珍。以味言之，甚是优劣。羊比齐、鲁大邦，鱼比邾、莒小国；唯茗不中，与酪作奴。”帝大笑。彭城王邀王肃：“卿明日顾我(到我家)，为卿设邾、莒之食，亦有酪奴。”时人遂号茗饮为“酪奴”。

从这段记载看，早在南北朝时，南方已习惯饮茶。王肃以南人投奔北朝，日食羊肉，一定胀闷，不得不喝更多的茶以消食。皇帝的问话，王肃以其特殊身份，不得不详斟细酌。名为饮食比较，实为政治考校。遂使茗饮得“酪奴”恶名，不亦悲乎？彭城王虽为北朝权贵，但是个明白人，是个真正懂得王肃心思的人。所以邀请王肃作客，告诉他不吃羊饮酪，而只是食鱼饮茗。有友知我，王肃能不欣然而往乎！

当时，有个刘缟，很钦佩王肃的风范，专习茗饮。彭城王同他开玩笑：“卿不慕王侯八珍(美食)，好苍头水厄。海上有逐臭之夫(见《吕氏春秋》，指爱好恶习)，里内有学颦(东施效颦)之妇，以卿言之，即是也。”“苍头”指家奴。彭城王家有个南方才来的奴才，酷好喝茶，彭城王戏称“水厄”。

后来，南梁武帝萧衍的儿子西丰侯萧正德归附后魏，贵族元乂准备请他喝茶，不知饮量，先问：“卿于水厄多少？”正德听不懂“水厄”，回答道：“下官虽生于水乡，但长大后没遭到过江水灾难。”元乂与座客都大笑起来。

其实，“水厄”一词早在晋朝就有了。据南朝宋刘义庆《世说新语》：晋司徒王濛好饮茶，人至则命饮之。到他家作客的士大夫都感到很不舒服，每逢将谒王濛必云：“今日有水厄”。

# 甘草癖

据宋初陶穀《清异录》：何子华宴请客人，挂出严峻所画陆鸿渐像（图12-2），对客人说：历史上晋朝的王济，爱好骏马，人称‘马癖’和峤爱好敛钱，人称‘钱癖’；三国吴虞翻好赞誉儿子，人称：“誉儿癖”；杜预爱好读《左传》，自称《左传》癖。像这个老头子，爱好茶事，该称他为什么‘癖’呢？座客杨粹仲说：“茶虽至珍，仍离不开是草类。草中甘甜的，没有一种比得上茶，我们可以追称陆鸿渐为‘甘草癖’！”客人们一齐说：“恰当得很！恰当得很！”

[图12-2] 现代·陆羽造像

# 茶瓶厅

[图12-3] 清·雍正朝茶瓶

古代的御史，即近代的监察人员。据《御史台记》及《新唐书·百官志》：唐朝设御史台，下设三院。一为台院，有侍御史六人，掌纠举百官等事务；二为殿院，有殿中侍御史九人，掌宫廷仪礼等事务；三为察院，有监察御史十五人，负责巡按州县狱讼等事务。察院居南，又按事务分为礼察厅、刑察厅、兵察厅。礼察厅系会昌年间（841–846）监察御史郑路所造，因南面有古松，人称"松厅"；刑察厅人称"魇厅"，因夜宿于此者往往做梦遇到魇神，故名；兵察厅除本职工作外，兼管大家的喝茶事务。茶必购买四川出的名茶，贮于陶瓷瓶中（图11–3），以防潮湿。封茶、启茶，都有御史亲自掌握，故谓之茶瓶厅。

从这则记载可以看出，唐朝时喝茶已很普遍，政府机关已公款购茶，供百僚饮用；茶原产四川，唐时还以四川所产为佳；政府机关人浮于事，有的无所事事，去管茶瓶。这正是"签签到，谈谈天，喝喝茶，看看报。"

清朝的军机处是个商讨军国大事的重要机构，但那些军机大臣们行为颇为迂腐可笑。他们按进入军机处的前后排辈，至乾清宫向皇帝奏对时，排队而行。走到门前，前面一个稍缓，最后一个赶到前面，将帘子挑起，供大家依次而进。进去如此，出来也如此。所以，最后一个，称为"挑帘子军机"。

"管茶瓶御史"，"挑帘子军机"，真是无独有偶了。

# 茶百戏

据《清异录》：饮茶至唐朝始盛（图12-4），至五代末，精丁茶道的人，练有绝技，能于冲水后利用汤匙迅速拨弄，使汤纹水脉，形成物象，禽兽、虫鱼、花草之类，均似画成。有个和尚福全，生于金乡，长于茶海，能于注汤入茶碗时，使汤纹幻出一句诗。如果用四只茶碗同时注汤，即能联成一首绝句。市人天天到寺里求观绝技，福全自咏一诗："生成盏里水丹青,巧画工夫学不成。却笑当时陆鸿渐，煎茶赢得好名声。"他的绝技，被时人称为"茶百戏"。据说，这种"水丹青"，须臾即散。

在清朝人的笔记小说中，也说有人能吸烟甚多，然后徐徐吐出，幻成各种图像。比起茶百戏来调酒五色相叠、吐烟圈圈相连，是"小儿科"了。

[图12-4] 明·仇英《煮茶论画图》

# 取茶囊

据宋沈括《梦溪笔谈》：王东城所重视的只有杨大年。王公有一茶囊，只有杨大年来了，才叫："取茶囊具茶！"其他客人来，都不嘱咐具茶。所以他的子弟，只要听喊"取茶囊"，则知道是杨大年来了。一天，王公又命"取茶囊！"众子弟皆出窥视，只见来客不是杨大年，而是张士逊。他日，公命"取茶囊！"众又往窥，又是张士逊。众子弟乃问："这张士逊是什么人，值得你如引重视？"王公道："张有贵人相，不十年当据相位。"后果如其言。

沈括写了这个故事，是为了证明："古人谓贵人多知人，以其阅人物多也。"那么，张士逊是个怎么样的人呢？史称他"生而百日不啼（哭），身长七尺二寸，人皆异之。但他的官路并不顺利，考中进士后，久困选调，接近五十岁，才任著作佐郎，是个小官。他去拜见杨大年，在门下等了三天，恰值杨大年与友人打叶子戏，门吏不敢通报。后被杨大年从窗缝里看到，知非常人，接谈后知有宰相器，即推荐担任御史。张士逊发达虽迟，但得长寿，活到八十六岁，这在古代是罕见的。

王东城当是相国王曾，史称自奉极俭。一个茶囊，只为贵客而设。同样做过相国的吕夷简，也较俭朴，但有三种茶罗子。罗子指筛茶末的细筛。宋时碾茶为末，筛后泡用。吕夷简的三种茶罗子是饰金（图11–5）、饰银、棕栏。凡来常客，用银罗子；来禁近（皇帝身边人），用金罗子；来公辅大臣，则用棕栏。他的家人把三种茶罗子排列于屏风后面，以便随时取用。

据宋末周密《癸辛杂识》：北宋时，司马光、范景仁同游嵩山，各自携茶。司马光以纸包茶，范景仁盛茶于小黑盒。司马光见之，讶曰："景仁乃有茶具耶？"范景仁感到不好意思，就把茶盒送给寺中僧人。到了南宋，茶具越制越精，特别是长沙茶具，精妙甲天下。宰相赵南仲在长沙时，以黄金千两购茶具一大银盒，盒中各种茶具都十分齐备，以献皇上，皇上大喜。因为，即使是宫中巧匠，也做不出这么精致的茶具。

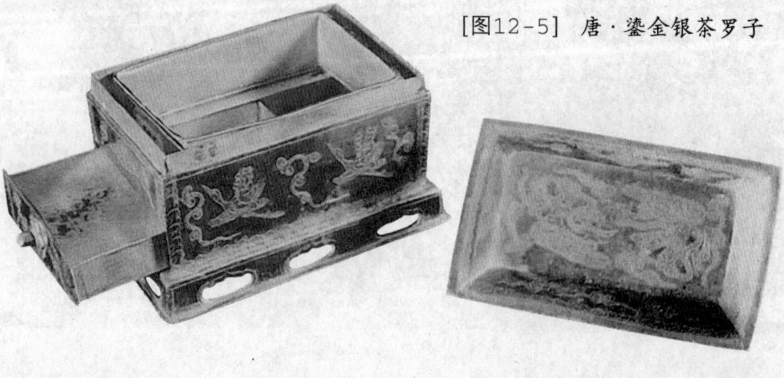

[图12-5] 唐·鎏金银茶罗子

# 蔡伯喈

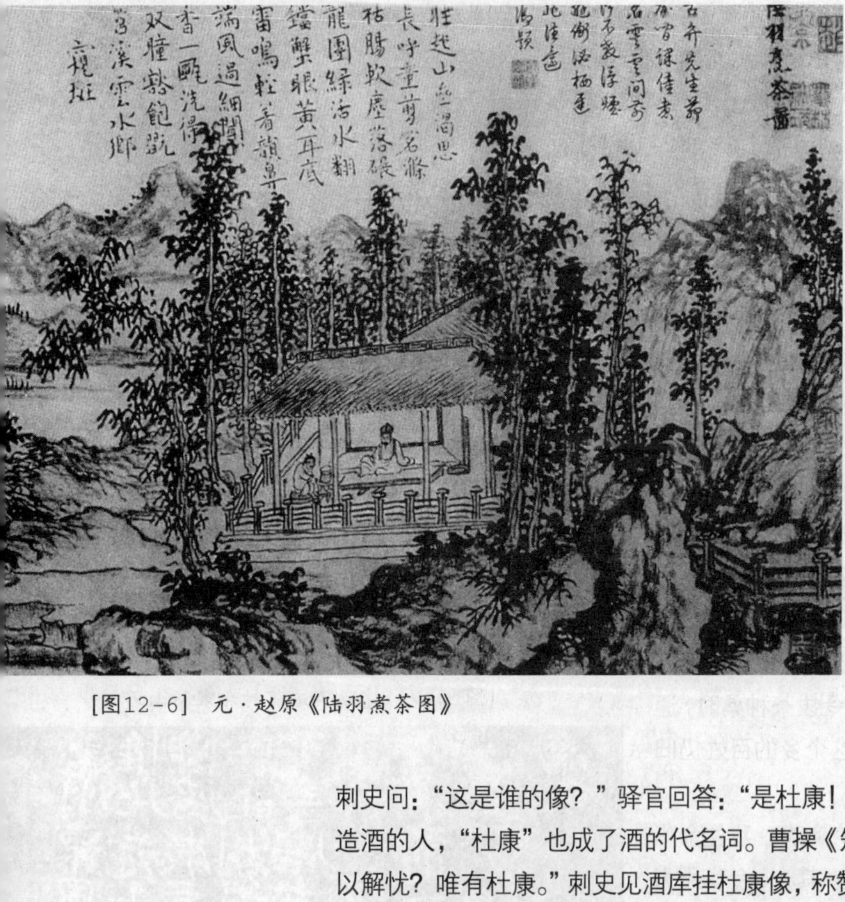

[图12-6] 元·赵原《陆羽煮茶图》

据宋谢维新《古今合璧事类备要》：古代的驿站，是专供传递文书、官员往来及运输等中途暂息、住宿的地方。宋朝时，江南有个驿官，自以为办事干练，很想炫耀一下。他跑去报告刺史：“我已把驿站整顿了一番，请长官前去巡视！”刺史答应所请，到了驿站。先看酒库，所酿缸酒，均已成熟。库外挂着一幅画像，刺史问：“这是谁的像？”驿官回答：“是杜康！”杜康是传说中最早造酒的人，“杜康”也成了酒的代名词。曹操《短歌行》即有句：“何以解忧？唯有杜康。”刺史见酒库挂杜康像，称赞：“好！”再到茶库，备有各种茶叶，也挂有一幅画像，问是谁的像？回答是陆鸿渐（图12-6），刺史更喜欢，称赞“很好！”再至一室，是菹库，即腌菜库。库外也挂着一幅画像，刺史问：“这是谁？”驿官回答：“是蔡伯喈！”刺史大笑，说道：“这个就不要挂了！”

杜康于酒，陆鸿渐于茶，于史有据；至于蔡伯喈和腌菜，毫无关系，只不过“蔡”与“菜”同音罢了。古今能人办事，大抵如此。我住在金华，金华出产酥饼。我到了一个盛产酥饼的村里参观，墙上写着村史，说酥饼得到程咬金嫡传。程咬金发迹前卖过烧饼，后在瓦岗寨做过皇帝。虽然是强盗皇帝，但总归是皇帝，能拉个皇帝来做开山祖，能不荣哉！

# 草大虫

根据《新唐书》，陆羽的《茶经》一出，推动了全国人饮茶。茶叶成为流通商品，从唐德宗贞元九年（793）开始，征收茶税。凡产茶州县，都设官抽税，十分税一，第一年就得税钱四十万缗。

据《拊掌录》，宋朝自崇宁（1102-1106）后，税茶法制日益严格。私贩茶叶有罪，经官家批准贩茶的，规定道路，规定日期，稍一不慎，就被处罚。宋朝茶法如私贩茶叶："论直（值）十贯（铜钱）以上，黥面（面部刺字）配本州牢城。""凡结徒持杖贩易私茶，遇官司擒捕抵拒者，皆死。""诏鬻（卖）伪茶一斤，杖一百，二十斤以上弃市（处死）。"一时正尔巴经的商人，不敢贩茶，称茶为"草大虫"。茶是老虎，碰不得，一碰会被咬死。

另据宋陈师道《后山谈丛》：张泳（乖崖）为崇阳县令，见百姓种茶为业，即告诉百姓："种茶利厚，官家眼红，定会夺取，不如早点另种其他作物。"即命百姓拔去茶丛，另种桑树。当时民以为苦；但过了几年，官方严征茶税，茶商目茶为"草大虫"，无利可图。其他县分的农民，种茶卖不掉，甚至失业。而崇阳桑树已盛，养蚕织绢，每年至百万匹，百姓富有。张泳下令拔茶种桑时，通乐乡不肯执行，结果这个乡的百姓仍旧很穷。

古今农民，最讲究实惠。我住金华二十年，目睹变异三起：其一，金华原为奶牛重要基地，后饲料大涨，牛奶压价，农民纷纷卖掉奶牛；其二，罐头厂出产黄桃罐头，农民种黄桃颇多。后罐头厂不做黄桃罐头，农民纷纷砍去黄桃树；金华茶厂出产茉莉花茶，农民种茉莉花甚多。后茶厂认为花茶利薄，不予加工，农民纷纷拔掉茉莉花。可见，政府对应该发展的产业，应予大力扶植。金华（婺州）古有名茶"举岩"，今也不见多产。

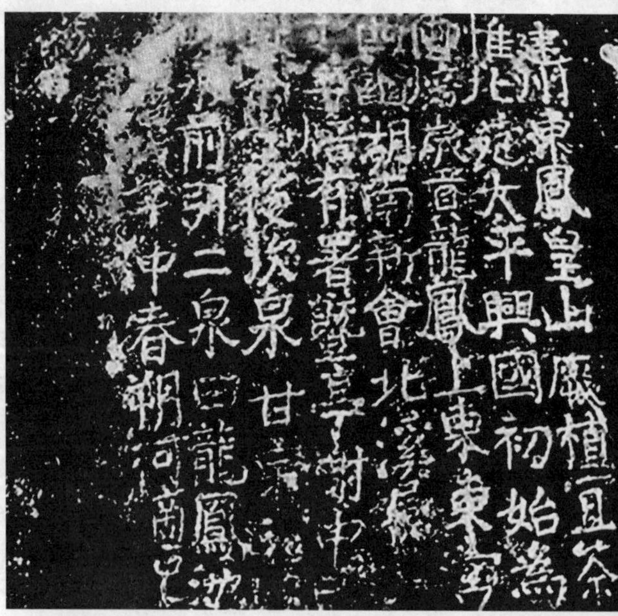

[图12-7] 建瓯市焙前村北宋茶山石刻

# 挤倒胡床

“南方有嘉木”，则茶属木；宋人称茶为“草大虫”，则茶属草。唐杜牧《题茶山》诗有句：“茶称瑞草魁”，后世也称茶为“瑞草”。据宋杨万里《诚斋诗话》：有一次，苏东坡（图12-8）参与宴会，听到歌伎演唱黄庭坚的茶词《好事近》，最后两句为：“唯有建溪草，解留连佳客。”苏东坡假装听不懂歌词，生气道：“怎么，留我们吃草？”引得客人们靠到苏东坡所坐的胡床上大笑，以致挤倒胡床，苏东坡跌落在地。

所谓“胡床”，就是椅子。早期是从少数民族的坐具中传进来的，故有“胡”字。“胡床”可以折叠，也称“交床”，后演变为四足固定的椅子。可能北宋时椅子还不牢固，多人靠椅背，就会挤倒。

[图12-8] 元·赵孟頫画苏轼像

# 茶娇

中国的姓氏，千奇百怪。水是姓，茶也是姓。《潜夫论》："茶氏，殷旧姓。"《路史》："子姓有茶氏。"《宋史》："三佛齐国有茶姓。"据《过庭录》：宋刘贡父知长安，妓有茶娇者，既美，又有才。贡父惑之，事传一时。刘贡父被召回京都汴京，茶娇远送，夜宴痛饮（图12-9），有离别诗："画堂银烛彻宵明，白玉佳人唱《渭城》。唱尽一杯须起舞，关河风月不胜情。"到了汴京，欧阳修出城远迎刘贡父。贡父病酒未起，欧阳修问故，贡父道："自长安路中亲识送行留饮，致颇为病酒。"欧阳修笑道："贡父！非独酒能病人，茶也能病人矣！"这个"茶"，表面指茶水，实则指妓女茶娇！

大约刘贡父颇好嫖妓，又患性病梅毒，连鼻头也烂掉。据《画墁录》、《后山丛谈》、《渑水燕谈录》等书记载："世以癞疾鼻陷为死证（症），刘贡父晚有此疾。"刘贡父多才滑稽，好戏弄人，苏东坡等，每与互相取笑。如苏东坡曾造笑话：颜渊、子路外出，看到孔子迎面而来，急忙躲避。子路矫捷，爬到树上去；颜渊迂缓，躲进一个石经幢。市人因经幢曾经贤人躲过，就共称之这"避孔塔"（谐音为"鼻孔塌"）。

[图12-9] 明人画宴饮图

# 采茶舞

据《岭南杂记》：潮州灯节，饰姣童为采茶女，每队十二人或八人，手挈花篮，迭进而歌，俯仰抑扬，备极妖妍（图 12-10）。又以稍长者二人为队首，擎彩灯，缀以扶桑、茉莉诸花。采女进退作止，皆视队首。至各衙门或巨室唱歌，酬以银钱、酒资。自正月十三夜开始，至十八夜而止。所唱歌词，颇有《前溪》、《子夜》之遗风。

20 世纪 50 年代，杭州周大风创编歌舞《采茶扑蝶》，颇受欢迎，柬埔寨西哈努克亲王观看后大加赞赏。

[图12-10] 宋人歌舞壁画

# 查抄

[图12-11] 清·纪晓岚画像

由于电视连续集《铁嘴铜牙纪晓岚》深入人心。纪晓岚与和珅斗法，成为人所共知的故事。但电视剧是“戏说”，内容大都子虚乌有。唯有一件真事，反为连续集所未及。据《清代野史》所辑《名人逸事》：卢见曾（雅雨），康熙时进士，乾隆时任两淮盐运使，爱才好客，四方名士咸集，极一时之盛。招待、赠送、开支过大、致亏损公款。事发，查抄家产，竟发现家财已经转移，显属有人预先泄漏风声。旋被和珅探知，泄密的是纪晓岚。（图12-11）。乾隆皇帝亲召纪晓岚，责其漏言。纪晓岚力辨未曾漏过一个字。皇帝道：“人证确凿，无庸掩饰。朕正要问你，未漏一字，而又用何法泄漏机密？”纪晓岚只好实话实说。原来，他同卢见曾是儿女亲戚，听到查抄风声后，派一亲信赶去见卢见曾，没有写信，没有传话，只把少量茶叶放在一只空信封里，外面用浆糊加盐封固，内外未写一字。卢见曾见信后参详道：“此盖隐‘盐案亏空查抄’六字也。”急将财物转移他处。

纪晓岚说明情况后叩头道：“皇上严于执法，合乎天理之大公；臣拳拳私情，犹蹈人伦之陋习。”皇帝认为他言辞得体，为之一笑。死罪可免，活罪难逃，即予撤职，谪戍新疆乌鲁木齐。后赐还，任翰林院编修，进侍读。及四库全书馆开，使任总纂。

# 茶丐卖半壶

[图12-12] 明·周臣画乞丐像

据《绮情楼杂记》：福建有一富翁，甚好茶。一日，有一乞丐（图12-12）至门请求富翁："闻翁家煎茶甚精，能赐一杯否？"富翁笑道："乞丐也解品茶？"乞丐道："我原来家也富有，以嗜茶破家。"富翁遂斟茶与之，丐饮后说道："茶味固佳，可惜不够醇厚，是用新壶煎茶的缘故。我有一壶，往年常用，至今带在身边，虽冻饿不舍。"翁取壶观之，果然精绝，铜色黝然，启盖嗅之，香味清冽。翁借以煮茶，茶味清醇，迥异于常，即欲购取，丐道："此壶实值三千金，可售一半与你，用以安顿家小；其余一半，容我时至翁家，啜茗清谈，共享此壶，翁意如何。"富翁欣然许诺，以一千五百金与丐。后丐每至翁家，品茶清谈，若故交者。

**图书在版编目（CIP）数据**

茶韵悠悠/李烈初著.—杭州：浙江大学出版社，2009.7

ISBN 978-7-308-06665-5

Ⅰ.茶… Ⅱ.李… Ⅲ.茶－文化－中国 Ⅳ.TS971

中国版本图书馆 CIP 数据核字（2009）第 038311 号

**茶韵悠悠**

李烈初 著

---

**责任编辑** 李玲如
**装帧设计** 魏 清
**出版发行** 浙江大学出版社
（杭州天目山路 148 号 邮政编码 310028）
（网址：http://www.zjupress.com）
**排　　版** 杭州开源数码设备有限公司
**印　　刷** 杭州杭新印务有限公司
**开　　本** 710mm × 1000mm　1/16
**印　　张** 12.5
**字　　数** 210 千
**版 印 次** 2009 年 7 月第 1 版　2009 年 7 月第 1 次印刷
**书　　号** ISBN 978-7-308-06665-5
**定　　价** 28.00 元